Hans Leicht

# Wilhelm Conrad Röntgen

## Biographie

Ehrenwirth

Die Deutsche Bibliothek – CIP-Einheitsaufnahme

**Leicht, Hans:**
Wilhelm Conrad Röntgen : Biographie / Hans Leicht. –
München : Ehrenwirth, 1994
ISBN 3-431-03354-7

ISBN 3-431-03354-7
© 1994 by Ehrenwirth Verlag GmbH, Schwanthalerstraße 91, 80336 München
Umschlag: Atelier Kontraste, München
Satz: ew print & medien service gmbh, Würzburg
Druck:
Printed in Germany

# Inhalt

# Vorwort

Es gibt wohl nicht sehr viele Entdeckungen, die mit einem Namen und einem Datum zu verbinden sind und denen deshalb besonders große Bedeutung zukommt. Die Entdeckung der Röntgenstrahlen am Abend des 8. November 1895 durch Wilhelm Conrad Röntgen im Physikalischen Institut der Universität Würzburg war ein Ereignis, das bis in unsere Zeit wirkt und durch Weiterentwicklung noch an Bedeutung gewonnen hat.

Es ist zu begrüßen, daß zum 150. Geburtstag Röntgens und zur 100jährigen Wiederkehr des Tages der Entdeckung der X-Strahlen eine Biographie über Leben und Wirken des ersten Nobelpreisträgers der Physik erscheint, zumal seit der von Otto Glasser 1931 herausgegebenen Dokumentation über »Wilhelm Conrad Röntgen und die Geschichte der Röntgenstrahlen« keine ausführliche Darstellung über Röntgen und sein Lebenswerk vorgelegt wurde.

In einer umfangreichen Biographie gelingt es dem Historiker Hans Leicht, in einer auch für den Laien verständlichen Sprache das Interesse an der genialen, für die ganze Menschheit so bedeutsamen und hilfreichen Entdeckung zu wecken. Anregungen geben auch die Hinweise auf Gedenkstätten, deren Initiatoren sich die Wahrung des Andenkens an Wilhelm Conrad Röntgen zur Aufgabe gemacht haben. Sie entsprechen auch einer Feststellung des ersten deutschen Bundespräsidenten, Theodor Heuss, der sich in einer kleinen Broschüre über Röntgen wie folgt äußert: »Es ist gut, gelegentlich das Andenken zu dem Mann zurückzuführen, durch dessen Geistesschärfe das verborgene Wunder der Natur entrissen wurde.«

Hans Leicht beschreibt auch schwierige Sachverhalte so, daß sie dem breiten Leserkreis verständlich sind. Und wenn im Interesse einer zusammenfassenden Darstellung auf fachspezifische Begriffe nicht verzichtet werden kann, sind diese im Anhang erläutert. Man kann diesen Band nicht nur lesen, sondern auch durcharbeiten: Eine Zeittafel zeigt Röntgens Lebenslauf. Seine wissenschaftlichen Arbeiten werden chronologisch aufgelistet. Wer sich noch intensiver mit dem Schaffen des X-Strahlen-Entdeckers beschäftigen möchte, dem gibt ein Literaturverzeichnis mit den wichtigsten Publikationen wertvolle Hinweise.

Das Buch läßt deutlich werden, wie Röntgen durch seine Entdeckung in wenigen Monaten eine Berühmtheit erlangte, wie sie nur wenigen Wissenschaftlern zugefallen ist. Hans Leicht schildert nicht nur die Höhepunkte im Leben Röntgens, sondern zeichnet auch eindrucksvoll die in seiner Jugend erlebten bitteren Enttäuschungen auf, die der begabte und strebsame junge Röntgen mit Fleiß und Ausdauer zu überwinden verstand. Gerade auch diese Tatsache könnte jungen Menschen unserer Zeit Ansporn und Aufmunterung sein.

In seiner Biographie läßt der Autor den menschlichen Zügen Röntgens breiten Raum. Es kommt immer wieder zum Ausdruck, daß der international bekannte Nobelpreisträger seine eigene Person in den Hintergrund stellte und bei aller internationaler Würdigung ein bescheidener Mann geblieben ist. Was sich heute in langsamen Schritten auf dem Weg der Völkerverständigung anzubahnen scheint, war für Röntgen eine Selbstverständlichkeit. Für ihn gab es, wie der Autor in seinen »Gedanken zum Schluß« deutlich werden läßt, keine nationalen Grenzen. Röntgen stellte seine Entdeckung in uneigennütziger Weise allen, also der ganzen Welt, zur Verfügung.

Eine naturwissenschaftliche Thematik zu beschreiben ist nicht leicht. Dennoch ist es dem Autor gelungen, den Leser nicht nur erlebnisnah in jene Zeit um die Jahrhundertwende zu versetzen, sondern ihm auch die Bedeutung der fundamentalen Entdeckung aufzuzeigen. Dieses Buch ist eine Dokumentation, mit der wir und spätere Generationen vom Wirken eines bedeutenden Wissenschaftlers erfahren, der, mit hervorragenden Eigenschaften beschenkt, sich ganz in den Dienst der Menschheit stellte. In den 100 Jahren seit dieser Entdeckung waren die nach Röntgen benannten X-Strahlen für viele Wissenschaftler Basis für weitere Forschungen und Entwicklungen in Physik, Medizin, Chemie und Technik. Röntgen hat mit seiner Entdeckung die Grundlage für eine lawinenartige wissenschaftliche und technische Weiterentwicklung unserer Zeit gelegt.

Für die fundierte Erarbeitung dieses Lebensbildes W. C. Röntgens und die klare populärwissenschaftliche Sprache gebührt dem Autor Dank und Anerkennung. Möge dieses Werk eine weite und uneingeschränkte Verbreitung finden.

*Prof. Dr. Heribert Braun*

# Zu diesem Buch

Als Verlag und Autor die Vereinbarung trafen, das im Jahr 1995 anstehende Doppeljubiläum des Physikers Wilhelm Conrad Röntgen – hundertfünfzigster Geburtstag und hundert Jahre Entdeckung der nach ihm benannten Strahlen – mit einer Biographie zu würdigen, verfolgte man übereinstimmend die Absicht, ein Buch zu veröffentlichen, das ohne wissenschaftlichen Ballast auskommen und somit einer breiten Leserschaft zugänglich sein sollte. Das Optimum einer Beschreibung des Lebens und Werkes Röntgens müßte zwangsläufig eine Fülle physikalischer Formeln und Gesetze beinhalten. Doch wäre ein solches Unterfangen wenig erfolgversprechend, da selbst dem Naturwissenschaftler damit nichts Überragendes geboten werden könnte. Dem Physiker ist beispielsweise die nun fast schon hundertdreißig Jahre alte erste Maxwellsche Gleichung, für die Röntgen 1885 den experimentellen Nachweis erbrachte und dabei den »Röntgenstrom« entdeckte, eine Selbstverständlichkeit, gehört sie doch zu seinem »Handwerkszeug«. Was aber könnte sich der wissenschaftlich nicht vorbelastete Leser unter einer solchen Gleichung vorstellen – in Worten formuliert: »Die magnetische Feldstärke ist die Summe aus elektrischer Stromdichte und dielektrischem Verschiebungsstrom«? Mit Sicherheit wäre er damit überfordert.

Um dem Laien nicht ein verwirrendes Labyrinth wenig verständlicher Fachinformationen zu präsentieren, konnten zwangsläufig auch die Erkenntnisse im Vorfeld der Arbeit Röntgens und die Thesen zahlreicher Wegbereiter der modernen Physik und des Atomzeitalters nur am Rand skizziert werden.

Auf eine Reihe fachspezifischer Begriffe konnte indes nicht verzichtet werden; sie sind im Anhang näher erläutert. Im übrigen verfügen Bibliotheken, und nicht nur die der Universitäten, über ausreichend naturwissenschaftliche Publikationen, die jeder Forderung nach detaillierter Information gerecht werden. Die Literaturliste im Anhang kann dabei nur eine kleine Orientierungshilfe sein; sie führt jedoch alle bislang vorliegenden Arbeiten über und zu Röntgen auf.

Die herausragende Bedeutung Wilhelm Conrad Röntgens für die Physik und die Medizin, aber auch für andere Wissenschaftsbereiche wird in der vorliegenden Biographie selbstverständlich breiten Raum einnehmen. Da Forschung und Technik, besonders in der medizinischen Diagnostik und Therapie, einen kontinuierlichen Zugewinn an Erkenntnissen verzeichnen, ist auch ein Blick auf den modernen Stand der Entwicklung gerechtfertigt.

Neben dem wissenschaftlichen Wirken Röntgens soll seine Persönlichkeit im Zentrum der Darstellung stehen. Phasen in seinem Leben, sowohl in der Jugend wie im Alter, die nahezu tragische Züge aufweisen, konnten dabei ebensowenig unberücksichtigt bleiben wie das politische Umfeld, das von schwerwiegenden Auseinandersetzungen – zwei Kriegen und drei Revolutionen – geprägt war.

Dennoch kann dieses Buch nicht die vollständige, umfassende Würdigung Röntgens, seines Lebens, seiner Forschung und seiner Zeit sein. Es wurde jedoch mit Engagement und Bewunderung für einen überragenden Wissenschaftler geschrieben – auch im Namen aller Mitmenschen, die Röntgen gesundheitliche Vorsorge und Heilung verdanken.

Wenig, zumeist gar nichts weiß die breite Öffentlichkeit von der Person des Naturwissenschaftlers und dessen Tätigkeit; die Menschheit nimmt seine durch die Technik verarbeiteten Ergebnisse als Selbstverständlichkeit des gestiegenen Lebensstandards in Anspruch. Die physikalische Forschung war in der Vergangenheit und ist auch in der Gegenwart anonym geblieben. Eine der wenigen Ausnahmen, die sich nicht hinter, sondern auf der Bühne des sichtbaren Geschehens abspielten, war die Entdeckung der Röntgenstrahlen. Wilhelm Conrad Röntgen mag eine, zutreffender gesagt, d i e Symbolfigur dafür sein, daß die Natur ihre Geheimnisse sich nur durch Beharrlichkeit und in kleinen Schritten abtrotzen läßt.

11

Wo die Fachwelt über bestimmte Begebenheiten, physikalische Entwicklungen und über Röntgens Bedeutung verschiedener Auffassung ist, kann bei allem Streben des Autors nach möglichst exakter Wiedergabe menschliche Unzulänglichkeit nicht ausgeschlossen werden. Wie schon vor einem Jahrhundert die Wissenschaft im Wechselspiel der Meinungen zu neuen Erkenntnissen fand, so mag auch dieses Buch als Anregung zu eigener Betrachtung und Deutung dienen.

# Aufbruch in eine neue Welt

## Der Triumphzug von Wissenschaft und Technik

Je größer der Abstand zum neunzehnten Jahrhundert wird, um so bewußter muß dem Menschen an der Schwelle zum dritten Jahrtausend werden, welche großartigen Leistungen und glückhaft bedingten Erkenntnisse im Denken und experimentellen Streben in jener Zeit auf nahezu allen Gebieten des Geistes geschaffen wurden und zur Grundlage eines neuen, aus vielen Mosaiksteinchen zusammengesetzten, postnewtonschen Weltbildes geworden sind, dessen Entwicklungsprozeß noch nicht abgeschlossen ist. In Laboratorien und Werkstätten, die mit allerbescheidenster finanzieller Zuwendung auskommen mußten und mit einfachsten Hilfsmitteln und zumeist selbstgebauten Geräten ausgestattet waren, in der Klausur abgeschirmter Gelehrtenstuben, im Verlauf wechselvoller, unruhiger Jahrzehnte der Kriege, Revolutionen, des Imperialismus und Kolonialismus der europäischen Großmächte, der geistigen und ökonomischen Umwälzungen, eines jahrelangen wirtschaftlichen Niederganges und der Bemühungen um außen- und innenpolitische Stabilisierung entwickelte sich nicht nur eine richtungweisende Ära der Technik, sondern es entstand auch eine bürgerliche und frühkapitalistische Gesellschaftsstruktur. Aus der kulturellen Exklusivität an den Fürstenhöfen des achtzehnten Jahrhunderts, wo sich – gewissermaßen zum persönlichen »Hausgebrauch« und als Legitimation für aufwendigen Lebensstil – weltliche und geistliche Mäzene ihre Gelehrten und Künstler gehalten hatten, brach das gärende Europa in bis dahin unbekannte Lebensformen auf.

In diesem einen Jahrhundert der fünftausendjährigen Geschichte veränderte der Mensch mehr als je zuvor seine Beziehung zur Welt. Abgesehen von wassergetriebenen Mühlen und kleinen Werkstätten, war das Handwerk in die traditionellen Gegebenheiten eingebunden gewesen, und die technische Nutzung physikalischer und anderer Erkenntnisse hatte sich bis dahin in mäßigen Grenzen gehalten; die geradezu geruhsame und selbstzufriedene Grundlagenforschung war zunächst ausschließlich auf finanziell nur gering dotierte Institutsarbeit beschränkt, somit überhaupt nur wenigen Spezialisten zugänglich und von der Öffentlichkeit kaum oder gar nicht beachtet. Aber besonders in der zweiten Hälfte des neunzehnten Jahrhunderts, als Ingenieure und Konstrukteure durch laufende Verbesserungen der physikalischen und chemischen Vorgaben die beginnende Industrialisierung vorantrieben, wurden weite Kreise der Bevölkerung in die technische Verwertung der Ergebnisse des Gelehrtengeistes einbezogen.

Von A bis Z, von Archäologie und Astronomie bis zur Zoologie, überwand die Wissenschaft scheinbar fest verankerte Barrieren und befreite sich von engen Traditionen. Sie schenkte so der Menschheit Wissen um die Vergangenheit und war wegweisend für die Zukunft. Mit ihrem Spaten förderten die Archäologen monumentale und schriftliche Beweise früheren Lebens aus vergessenen Schutthügeln und Gräbern des Vorderen Orients und des Mittelmeerraumes zutage. Die Astronomen veränderten das Weltbild, als sie die Sonne als nur einen Fixstern unter Millionen erkannten und sie damit ihrer Funktion als Zentrum des Universums beraubten. Forscher, Geographen, aber auch Abenteurer in tropischen Urwäldern, in Wüsten und Gebirgen der Kontinente und im Eislabyrinth der Polarregionen sorgten dafür, daß die weißen Flecken auf den Landkarten immer kleiner wurden. Die Geheimnisse der Naturkräfte konnten zunehmend entschlüsselt und genutzt werden. Was die Macht des Dampfes, der Elektrizität und der Treibstoffe in Bewegung brachte, setzten Maschinen in Schnelligkeit, Produktionssteigerung und Arbeitserleichterung um. Mit der Schiene wurde die Postkutsche in abgelegene Dörfer und Weiler verdrängt. Carl Benz ratterte mit dem ersten Kraftwagen über die holprige Straße nach Pforzheim. Der noch einfache, zerbrechliche Flugapparat Otto Lilienthals kündigte mit ersten Flugversuchen die künftige Eroberung der Luft an. Die Photographie war erfunden, und mit seiner Dreifarbentheorie wurde der geniale Hermann von Helmholtz zum Bahnbrecher des modernen Farbfernsehens. Nicht nur die Physik mit weiteren unvergeßlichen Namen wie Volta, Dalton, Ampère, Gay-Lussac, von Fraunhofer, Ohm, Faraday, Mach, Abbe, Braun und Hertz, auch die Medizin befreite sich von jahrhundertealten Fesseln. Samuel Hahnemann legte den Grundstein der Homöopathie, Robert Koch wurde der bedeutendste Bakteriologe, Philipp Friedrich Hermann Klenke erforschte die Ansteckung bei Tuberkulose, Rudolf Virchow, Begründer der Zellularpathologie, identifizierte die Leukämie und die Embolie, Semmelweis wurde zum Retter der Frauen im Kindbett, der Hygieniker von Pettenkofer, der Chirurg Billroth, der Arzt und Biologe Paul Ehrlich, der Bakteriologe von Behring waren zu bedeutenden Helfern des Menschen geworden.

Wie vier Jahrhunderte zuvor Luther seine Thesen an die Kirchenpforte zu Wittenberg angeschlagen hatte, so nagelte nun die Technik ihren Herrschaftsanspruch an die Residenzen der Monarchen und an die Türen der Parlamente. Nicht mehr die gekrönten Häupter, ihre Generäle und Minister, sondern die Entdecker, Erfinder, Konstrukteure und Wissenschaftler mit ihren Maschinen und Erkenntnissen wurden zum Symbol einer triumphalen Epoche und zum Schicksal der Menschheit.

Diese wegen ihrer technischen, medizinischen und im ganzen gesehen geistigen Entwicklung bewundernswürdigste Zeitspanne der Geschichte hatte in den suchenden und experimentierenden Forschern ihre Väter, deren Erbe auch noch den Kindeskindern des einundzwanzigsten Jahrhunderts zugute kommen wird. Die Informationen über die bahnbrechenden Errungenschaften bezogen die wißbegierigen und vielen Neuerungen aufgeschlossenen Bürger, die noch ohne Radio, Fernsehen oder die aktuellen Berichte der Wochenschau in den Kinos auskommen mußten, aus der Zeitung, deren rationellere Herstellung Ottmar Mergenthaler zu verdanken war, der die Zeilensetzmaschine erfand. Siemens und Halske gründeten 1847 die Telegraphenbauanstalt und verhalfen so dem Informationsfluß zu rascher Verbreitung. Die Meldungen von Entdeckungen, Erfindungen oder auch von archäologischen Grabungsergebnissen wie etwa dem Schatz des Priamos von Troja durch Heinrich Schliemann faszinierten nicht nur die Fachgelehrten, sondern auch den »Mann von der Straße«. Geradezu symbolhaft erstrahlte die veränderte Zeit in einem neuen Licht: die Glühbirne verdrängte die Wachskerzen und rußenden Petroleumlampen aus den Wohnungen, Geschäften und Fabrikhallen. Nach New York und anderen Weltstädten schickten auch in Deutschland – erstmals in Bremen und Berlin-Lichterfelde – die elektrischen Straßenbahnen die bis dahin brav trabenden Pferde in Pension. Der Siegeszug der Technik ließ die Morgendämmerung eines neuen Zeitalters erahnen.

Nicht immer waren es Planung und bewußtes Forschen nach einem bestimmten, selbstgesteckten Ziel, die schließlich mit Erfolg honoriert wurden. Sehr häufig lenkten Zufall und eine glückliche Hand den emsig Strebenden und Suchenden auf die entscheidende Spur.

## Da geschah etwas Ungeahntes

Auch einem Universitätsprofessor in Würzburg half nach monatelangen Versuchen ein Zufall dabei, seine Forschungsarbeiten mit einem die ganze Welt bewegenden Ergebnis zu krönen. Was er – gleichsam als »Abfallprodukt« – am Rande seiner physikalischen Experimente mit einem Blick zur Seite wahrnahm, wurde in einer dunklen Novembernacht des Jahres 1895 zu einer hellen Sternstunde der Menschheit. Wilhelm Conrad Röntgen hieß jener Gelehrte, und er entdeckte in dieser Nacht eine neue Art von Strahlen, die er als X-Strahlen bezeichnete.

Als Anfang der achtziger Jahre zweihundert international anerkannte Wissenschaftler aller Fachbereiche sowie kompetente Publizisten aufgefordert wurden, die aus ihrer Sicht herausragendste und in ihrer Langzeitwirkung unübertroffene Entdeckerpersönlichkeit zu nennen, entschied sich eine überzeugende Mehrheit spontan für Wilhelm Conrad Röntgen. Was die Entdeckung der nach ihm benannten Strahlen allein im

Gesundheitswesen bedeutet, mag das Wort des Mediziners Friedrich Dessauer unterstreichen: daß nämlich die Röntgenstrahlen in ihrer klinischen Anwendung »ohne Lärm und Aufsehen mehr Menschen retteten, als die beiden Weltkriege gefordert haben«.

Röntgen war Physiker, einer der Großen im Pantheon der Naturwissenschaftler. Mit ihm und seiner Entdeckung überschritt die Physik die Schwelle ihres klassischen Zeitalters in die Moderne, die über die der Allgemeinheit nur als Schlagwort geläufige Relativitätstheorie Albert Einsteins schließlich ins Atomzeitalter mündete.

Julius Robert Oppenheimer, der 1927 bei Max Born in Göttingen promoviert hatte und mit seiner Ernennung zum Ersten Direktor der neugegründeten Versuchsstation von Los Alamos im Jahr 1943 zum führenden Kopf der Atombombenherstellung wurde, schilderte in seinem Buch *The Open Mind* die Situation der Physik im ausgehenden neunzehnten Jahrhundert. Der Physiker Walther Gerlach, von 1927 bis 1957 einer der Nachfolger Röntgens in München, widmete dieser Arbeit Oppenheimers in der deutschen Ausgabe eine zusätzliche Betrachtung:

»Um das Jahr 1890 konnten die Physiker mit Befriedigung auf eine gerade dreihundertjährige Entwicklung ihrer Wissenschaft zurückblicken und mit Ruhe und Zuversicht einer in absehbarer Zeit zu erwartenden abschließenden Zusammenfassung der Erkenntnisse in einem geschlossenen System der Physik entgegensehen. Die kurz zuvor von Heinrich Hertz entdeckten elektromagnetischen Wellen – als Beweis der Maxwellschen Theorie der Verbindung von Elektromagnetismus und Wellenoptik richtig gewertet und hoch anerkannt –, die Vereinigung der Prinzipien der Mechanik mit der Elektrodynamik durch Hermann von Helmholtz, Heinrich Hertz und andere, dazu der Ausbau der Thermodynamik, das alles umfassende Gesetz der Erhaltung der Energie: nichts deutete darauf hin, daß noch eine große Überraschung zu erwarten wäre, gar eine Entdeckung, welche das solide gegründete Gebäude der Physik erschüttern könnte …

Da geschah etwas Ungeahntes: zum 1. Januar 1896 schickte der Würzburger Physiker Wilhelm Conrad Röntgen an seine Kollegen ein kleines Heftchen mit einem Aufsatz ›Über eine neue Art von Strahlen‹. – ›Der Röntgen war doch immer ein ganz vernünftiger Mensch‹, sagte kopfschüttelnd der ideenreiche Ferdinand Braun in Straßburg nach dem Lesen der Schrift. Die ›neue Art von Strahlen‹ wurde beim Auftreffen von Kathodenstrahlen auf feste Körper (z.B. Glas oder Metall) erzeugt; sie breiteten sich wie Licht aus, wurden aber nicht gebrochen, gingen kaum geschwächt durch undurchsichtige Körper, selbst Metalle, hindurch, von welchen das Licht fast hundertprozentig reflektiert wird; sie schwärzten genau wie normales Licht die photographische Platte, aber sie machten beim Durchdringen durch die Luft diese elektrisch leitend, indem sie die Luftmoleküle in positive und negative Teile, in ›Ionen‹ zerlegten…«

Strahlen – sie wurden zum magischen und beflügelnden Begriff, verursachten tiefste Erregung und explosive Antriebskraft bei den Physikern, sich dieses neue Feld ihres Berufes zu erschließen. Die Erkenntnis blieb nicht aus, daß sie in ihrer Wissenschaft von Grund auf umzulernen hatten. Sie wurden nun bewußt zu Detektiven, und Röntgens Entdeckung trieb die Arbeit in den Instituten voran. Wenige Monate nach der aufsehenerregenden Schrift des Würzburger Professors fand Henri Becquerel in Paris heraus, daß Uran energiereiche Strahlen aussendet. Kurz vor dem Jahrhundertende hatte die spätere Nobelpreisträgerin Marie Curie in ihrer Doktorarbeit die Becquerel-Strahlen bereits näher untersucht, um 1898 zusammen mit ihrem Mann Pierre in böhmischer Pechblende, einem Uranerzabfall, die Radioaktivität des Thoriums und die Elemente Polonium und Radium zu entdecken. Auf der Grundlage ihrer Forschungsergebnisse bauten die Wissenschaftler der Alten und der Neuen Welt ihre Arbeiten in der Atomphysik auf.

Schon wenige Wochen nach seiner bahnbrechenden Entdeckung erlebte Röntgen, wenn auch widerwillig, daß die von ihm mit einem X, also einer Unbekannten benannten Strahlen mit seinem Namen identifiziert wurden. Zuerst sprach man von Röntgenschen, doch schon bald darauf von Röntgenstrahlen.

Was jener begnadete Gelehrte vor hundert Jahren mit primitivster Apparatur herausfand, wurde in allen Kontinenten zu einem unentbehrlichen Hilfsmittel in der Medizin, es revolutionierte Diagnostik und Therapie.

Was Röntgens Strahlen in der Physik einleiteten, sollte zu einer Entwicklung führen, deren Ergebnisse bis an die Grenzen menschlichen Vorstellungsvermögens stießen. Aber *Schritte über Grenzen* – so nennt der Physiker Werner Heisenberg 1971 die Ausgabe seiner Reden und Aufsätze – wurden getan, nämlich über die traditionelle Physik hinaus in andere Disziplinen der Naturwissenschaften. Von Röntgen bis Heisenberg reicht eine Spanne naturwissenschaftlicher Forschung, die den Rang einer großen, elementaren und gestalterischen Kraft unserer Zivilisation erhalten hat.

Wie Justus von Liebig, der in Gießen schon frühzeitig den Laboratoriumsunterricht eingeführt hatte, trat auch Röntgen, in Würzburg noch verhalten, dann aber mit aller Konsequenz, aus dem Zeitalter patriarchalischer Institutsdirektoren heraus. Seine Entdeckung führte dazu, daß man die Notwendigkeit physikalischer Teamarbeit erkannte. Die Übergangsphase vom Forschungsergebnis bis zur Auswertung durch die Industrie schrumpfte auf ein zeitliches Minimum zusammen, während früher Jahrzehnte vergangen waren, ehe der Niederschlag in der Technik spürbar wurde. Ein Umwandlungsprozeß setzte ein: die Industrie errichtete ihre eigenen Forschungslaboratorien und verpflichtete dazu die von den Universitäten kommenden Physiker. So bildeten sich neben den Hochschulen neue Schwerpunkte der Forschung und Entwicklung heraus.

Röntgens Arbeit wurde zu einem Höhepunkt des an großartigen wissenschaftlichen Leistungen reichsten Jahrhunderts. Unter den berühmten Physikern seiner und der nachfolgenden Zeit nimmt der bereits zitierte Werner Heisenberg einen besonderen Platz ein. Er wurde zum Initiator der zivilen kerntechnischen Entwicklung in Deutschland mit der Nutzung einer gigantischen Energiequelle und zum Schöpfer der berühmten Weltformel, die ihrerseits ein Musterbeispiel für die Bemühungen in der modernen Physik ist, das »Funktionieren« der Natur auf wenige grundlegende Gesetzmäßigkeiten zu reduzieren. Für seine Quantentheorie wurde er 1932 mit dem Nobelpreis ausgezeichnet.

Heisenberg ist es gewesen, der in der Ausgabe der »Süddeutschen Zeitung« vom 26. Oktober 1970 die Frage aufwarf, ob die Physik vor einem Abschluß stehe, da doch im Grunde alles entdeckt und gesetzmäßig erfaßt sei. Andererseits zeigt die Physik der Elementarteilchen mit immer größeren Beschleunigern und höheren Energien Neuland auf. Manche Theorie ist experimentell noch nicht nachzuweisen, und schließlich bieten die Nachbarwissenschaften, ja selbst die Philosophie, noch immer Raum für die physikalische Erschließung. »Von einem Abschluß der Physik«, beantwortet Heisenberg seine eigene Frage, »könnte man also nur dann sprechen, wenn man willkürlich gewisse Methoden und Begriffsbildungen als die physikalischen definieren und andere Fragestellungen anderen Wissenschaften zuweisen wollte.« Der Kreis wird sich nie ganz schließen. Immer bleibt eine Lücke für weiteres geistiges Schaffen, ein gelöstes Problem wirft neue Probleme auf; der junge Rudolf Mößbauer lieferte durch seine Entdeckung des Resonanzeffekts den Beweis für Atomkerne und erhielt dafür 1961 den Nobelpreis.

Jahrzehnte, Jahrhunderte vergehen und verändern die Welt, verändern auch die Menschen. Röntgen und Heisenberg sind überragende Repräsentanten des schöpferischen Geistes, der eine als Vorbereiter, der andere als Vollender einer Energie, die jenseits visionärer Apokalypse eine friedliche und helfende Zukunft einleitete.

## Röntgens Ahnen – seine geistige »Mitgift«

Mit dem fahlen Grau der Winterwolken, die sich von den schneebedeckten Eifelhöhen heranschoben, schien sich auch das Rheintal in eine Aura der Trauer zu hüllen. In seinem geliebten Ehrenbreitstein war am 18. Januar 1756, ein halbes Jahr vor Ausbruch des Siebenjährigen Krieges, Franz Georg von Schönborn, Kurfürst und Erzbischof von Trier, Fürstbischof von Worms und Fürstpropst von Ellwangen, der »kluge Vater des Reiches«, wie ihn Maria Theresia nannte, im Alter von dreiundsiebzig Jahren verstorben. Wie seine geistlichen Brüder war auch er ein leidenschaftlicher Bauherr gewesen. Aber nur das vom genialen Balthasar Neumann errichtete schloßartige Dikasterialgebäude mit Pagerie zu Füßen der Festung Ehrenbreitstein, an der ebenfalls Neumann gebaut hatte, überlebte die Heimsuchungen der Franzosenkriege jenes Jahrhunderts.

Während Franz Georg den Aufenthalt am Rhein und besonders in seinem Sommerschloß Schönbornlust bei Koblenz bevorzugt hatte, zog es seinen Nachfolger, Johann Philipp von Walderdorff, in seine eigentliche Residenzstadt, in das alte, durch die Expansionsgelüste des Ancien régime bedrohte Trier. Doch an der fernen Mosel und in seiner Sorge um die Sicherheit seines Bistums hatte er nicht vergessen, daß im Koblenzer Nachbarstädtchen Neuwied zwei Kunsttischler wirkten, deren Arbeiten in ganz Europa berühmt und begehrt waren. In diesem Ort hatten sich Glaubensflüchtlinge, Angehörige der vertriebenen, aus Herrenhut in der Oberlausitz stammenden Zinzendorfer Brudergemeine, niedergelassen und zahlreiche Handwerksbetriebe, vor allem Schreinerwerkstätten gegründet. Eine dieser Schreinereien gelangte sehr rasch zu hohem Ansehen. Denn aus Holz mit entsprechendem Zubehör nicht nur Gebrauchsartikel, sondern vor allem einmalige, vollendete Kunstwerke zu schaffen – das hatten sich zwei Männer, Vater und Sohn, als Berufs- und Lebensaufgabe gestellt. Ihre Namen waren Abraham (1711–1793) und David Röntgen (1743–1807).

Über ihre Fertigkeiten und ihren im Zeitgeschmack sprühenden Rokokostil unterrichtet, bestellte Kurfürst Johann Philipp bei ihnen einen Schreibtisch für seinen Arbeitssalon in der an die aus der römischen Kaiserzeit stammende Basilika angebauten Residenz. Drei Jahre vor dem Tod des geistlichen und weltlichen Herrn lieferten Vater und Sohn Röntgen ihr gemeinsam hergestelltes Prachtexemplar in Trier ab. Den Sturm der Napoleonischen Kriege überlebte es unbeschädigt.

So steht heute im Rijksmuseum von Amsterdam dieses kostbare Stück, anmutig und graziös auf virtuos geschwungenen Beinen, mit Aufsatz knapp eineinhalb Meter hoch. Wertvolle Materialien verzieren als Einlegearbeiten die Flächen zwischen den Rocaille-Umrahmungen. Der Klappdeckel zeigt in großzügig gestalteter Perspektive einen weiten Thronsaal mit dem baldachinüberspannten Herrschersitz im Hintergrund. Die Initialen auf dem Thronhimmel verraten den fürstlichen Auftraggeber Johann Philipp.

Ein ebenso erlesenes Kunstwerk, um 1775 von David Röntgen aus Ahorn-, Rosen- und Satinholz gefertigt, bereichert die Möbelabteilung des Bayerischen Nationalmuseums in München, der Stadt, in der Davids Nachkomme Wilhelm Conrad die letzten dreiundzwanzig Jahre seines Lebens verbrachte. Dieses reich mit Intarsien versehene sogenannte Zylinderbureau mit einer, ebenfalls auf dem Klappdeckel, perspektivischen Darstellung einer Musikantengruppe vor einer südlichen Landschaft wurde 1989 aus Mitteln des Sammelansatzes aller bayerischen staatlichen Museen aus Privatbesitz erworben. Seine Provenienz läßt sich bis in das Eigentum der Großherzogin von Mecklenburg-Strelitz, einer Prinzessin von Anhalt, zurückverfolgen. Auch für sie war der Ruf der im fernen Rheinland wirkenden Schreinerkünstler Röntgen eine Verpflichtung, deren Fertigkeiten als Prunkstück, sicher weniger als Gebrauchsgegenstand, in ihr Schloß zu holen.

Doch nicht nur künstlerisch, sondern auch, weil sie mit mechanischen Raffinessen ausgestattet waren, erfreuten sich Kommoden, Schreibtische und ähnliche Möbelstücke aus der Röntgen-Werkstatt einer derart weitreichenden und von Begüterten geschätzten Beliebtheit und Bewunderung, daß ihnen sogar Goethe im Sommer 1810 bei der Niederschrift von *Wilhelm Mei-*

*sters Wanderjahre* ein literarisches Denkmal setzte. Im sechsten Kapitel des dritten Buches läßt der Dichterfürst seinen Protagonisten erzählen:

»Wer einen künstlichen Schreibtisch von Röntgen gesehen hat, wo mit *einem* Zug viele Federn und Ressorts in Bewegung kommen, Pult und Schreibzeug, Brief- und Geldfächer sich auf einmal oder kurz nacheinander entwickeln, der wird sich eine Vorstellung machen können, wie sich jener Palast entfaltete, in welchen mich meine süße Begleiterin nunmehr hineinzog ...«

In der Gegend nördlich von Koblenz, im Neuwieder Becken oder nahe Andernach, wo, wie die Historiker überzeugt sind, vor über zweitausend Jahren Caesar die erste Brücke über den Rhein hatte schlagen lassen, um mit seinen Legionären auf der Ostseite des Stromes die aufsässigen Sueben zu züchtigen, ließ der Name Röntgen erstmals weit über seine lokalen Grenzen hinaus aufhorchen. An den guten Ruf der Familie knüpfte ein weiterer Röntgen, Gerhard Moritz (1795–1852) an, der als Ingenieur und Kapitän des ersten Dampfbootes auf dem Rhein, Vorläufer der stolzen modernen Flotten, zum Wegbereiter eines neuen Zeitalters des Verkehrs auf den Wasserstraßen wurde. Zunächst hatte er 1824 als Offizier in der holländischen Marine den Bau von Schiffen aus Eisen vorgeschlagen. Nachdem dies abgelehnt worden war, befaßte er sich mit Konstruktionen. Die Doppelexplosionsmaschine mit unabhängigen Zylindern oder Compoundmaschine (1830) bildete seine wichtigste Erfindung. Solchen Vorfahren, Handwerkerkünstlern, Tüftlern und Erfindern verdankte der nur wenig später geborene Wilhelm Conrad Röntgen die Erbanlagen, die mit das Rüstzeug waren, das ihn zum bedeutendsten Physiker des Jahrhunderts machte. Oft und gerne berief er sich auf diese Ahnen, die ihm über seinen Vater künstlerisches Feingefühl, äußerste Gewissenhaftigkeit, technisches Interesse und handwerkliches Geschick weitergegeben hatten. Doch niemand hätte dem Neugeborenen an der Wiege die Lebensfieberkurve von triumphalen Höhen und bedrückenden Tiefen menschlicher Einsamkeit voraussagen mögen. Im Schoße einer begüterten Familie aufwachsend, blieb ihm zwar materielle Not erspart. Auch die scheinbare Stabilisierung der politischen Landschaft Europas ließ im Lauf seiner wissenschaftlichen Tätigkeit auf günstige äußere Bedingungen schließen. Doch sollten der Imperialismus der Großmächte und seine militärischen Folgeerscheinungen des Ersten Weltkrieges auch an Röntgen nicht spurlos vorübergehen.

## Rückkehr zum Abschied

Über das weite  grüne Tal und die Berge Graubündens war in der Nacht ein sanfter Sommerregen herniedergegangen. Einige müde und nicht mehr ergiebige Nachzüglerwolken lösten sich am klaren Himmel auf, und die Vormittagssonne verwandelte den blauen Heidsee in eine silbern glitzernde Fläche.
Von einigen tiefhängenden Fichtenästchen rieseln ein paar Tropfen herab, als die beiden Männer die Zweige beiseite schieben und aus dem kleinen Gehölz ins Freie schreiten. Nur noch wenige Schritte auf dem Pfad, und da ist schon die Bank am unteren Rand der Almwiese. Sie nehmen auf dem von der Witterung spröde gewordenen Holz Platz und lassen, für Minuten schweigend, den Blick über das Tal hinweg auf die gegenüber liegenden Berge mit dem Piz Scalottas schweifen, hinter dem der junge Rhein durch die finstere Schlucht der Via Mala stürzt. Man schreibt den Sommer 1921. Für den älteren der beiden ist es ein Abschied von Lenzerheide und von der Schweiz, die ihm erste Erfolge und schicksalhafte Begegnungen geschenkt hat. Der 76jährige Wilhelm Conrad Röntgen spürt den Abschied und akzeptiert ihn. Er weiß um den unvermeidlichen Abschluß, den das Alter ihm signalisiert, wovon er aber nicht spricht und worüber er nicht klagt. Sein Begleiter, der Mediziner Ernst Wölfflin, Professor an der Universität Basel, hat dem Freund die Reise hierher und den Aufenthalt finanziert; denn selbst eine Hochschullehrerpension im von der Inflation bereits bedrohten

24

Nachkriegsdeutschland kann mit den Schweizer Preisen nicht mithalten, und der deutsche Gelehrte, von dem die Welt nur noch den Namen kennt, ist kein reicher Mann mehr.

Röntgen hat es immer geliebt, das Land der Eidgenossen. In Zürich hatte er studieren dürfen, in dieser Stadt an der Limmat und am See war er seiner Lebensgefährtin begegnet, und fast jedes Jahr hatte er hier Tage und Wochen verbracht, besonders in den Orten und auf den Bergen im Engadin. So war er auch in diesem Sommer mit dem Freund unterwegs. In dem damals noch wenig frequentierten Pontresina, wo er stets im Gasthof »Weißes Kreuz« abstieg und sich vom Kutscher Emanuel Schmid fahren ließ, ging er nun noch einmal die vertrauten Wege, wanderte durch das prachtvolle Val Roseg mit den Plätzen, an denen er oft mit seiner Frau und mit Freunden geweilt hatte. Trotz seiner Beschwerden immer noch an allem interessiert, war er von der Bergstation der Standseilbahn zum Muottas Muragl gestiegen, um die Physiologische Pflanzenstation zu besuchen. Durch das Fextal erreichte er die Marmoré. Da blieb er beim Blick auf die Landschaft stehen und sagte seinem Freund Wölfflin, was ihn bewegte: »Das ist, was ich noch einmal in meinem Leben sehen wollte!«

Lenzerheide ist nun der endgültige Abschied von glücklichen Stunden früherer Jahre geworden. Abschied zwingt zur Besinnung auf das Kaleidoskop vergangener Zeiten. Beide Männer spüren die Bedeutung dieses morgendlichen Stundenschlages, und Ernst Wölfflin hat die Worte jenes Augenblickes bewahrt und der Nachwelt überliefert. Er erinnert sich,

»...daß wir im letzten gemeinsam verbrachten Engadiner Sommer in tiefere Lagen umsiedeln mußten, weil er (Röntgen) asthmatische Beschwerden bekam. Wir landeten auf der Lenzerheide, wo wir unsere gewohnten Morgenspaziergänge fortsetzten. Eines Tages ließ er sich nach kurzer Wanderung auf einer Bank nieder, nahm aus seinem Rucksack sein obligates zweites Frühstück heraus, das aus einem Apfel und einem Stück Brot bestand, und kam zu meiner Überraschung auf sich selbst zu sprechen.

›Freund Wölfflin, jetzt will ich Ihnen mal mein ganzes Leben erzählen, damit Sie wissen, wie es mir ergangen ist.‹ Und nun breitete dieser Mann, der, wie ich von seinen Freunden wußte, im Mitteilen dessen, was ihn persönlich anging, äußerst verschlossen war, seine gar nicht besonders rosige Jugend vor mir aus.«

Röntgen hatte seine eigene Person niemals in den Mittelpunkt gestellt. Im Schweigen war er ein Meister gewesen. Selbst seine Pflichtvorlesungen hatte er immer nur als notwendiges Übel betrachtet. Freunde erlebten ihn zumeist nur in der unmittelbaren Begegnung, erfuhren aber durch ihn kaum eine Andeutung seines menschlichen und beruflichen Werdeganges. Zudem vernichtete er in den letzten Jahren seines Lebens die meisten persönlichen Unterlagen. Was davon noch verblieben war, mußte laut Letztem Willen sofort nach seinem Tod beseitigt werden. Wer sich neben den sechzig wissenschaftlichen Arbeiten auch für den Menschen Röntgen interessiert, muß daher den Freunden und Schülern des großen Physikers dankbar sein, daß sie ihre Begegnungen mit ihm als Mosaiksteinchen dem Gesamtbild dieses Mannes hinzufügen durften. Und Ernst Wölfflin lieferte den wichtigen Beitrag jenes letzten Sommerspazierganges in Lenzerheide, da Röntgen fühlte, daß ihm nicht mehr sehr viel Zeit gegeben war.

# Keine rosige Jugend und viele Rosen

## Von Lennep nach Apeldoorn

Die Astrologie pflegt den im Sternzeichen des Widders Geborenen die Eigenschaften Tatkraft, Ehrgeiz, Entdeckungsfreude und Willensstärke zuzuschreiben. Solche Charakteristika hätte sie sicher auch Röntgen zugebilligt, bei dem sich im nachhinein die Prognosen bestätigten.

Am 27. März 1845, fünf Monate vor der Geburt des späteren bayerischen »Märchenkönigs« Ludwig II., erblickte Wilhelm Conrad Röntgen in Lennep, einem heutigen Stadtteil von Remscheid, das Licht der Welt. Sein vierzigjähriger Vater, Friedrich Conrad, Händler und Kaufmann in der Tuchindustrie, war mit jener Neuwieder Handwerker- und Künstlerfamilie verwandt. Seine Ehefrau Charlotte Constanze, eine geborene Frowein, stammte aus Amsterdam; sie war seine Cousine, und ihr Vater war ebenfalls ein gebürtiger Lenneper. Am Geburtshaus von Wilhelm Conrad Röntgen am Gänsemarkt von Lennep erinnert eine Gedenktafel an den großen Physiker, der die ersten drei Jahre seines Lebens hier verbrachte und dem verständlicherweise keine Erinnerung an seinen Geburtsort verblieb.

Im Bergischen Land, nicht wegen der überall gegenwärtigen Höhen, sondern nach den mittelalterlichen Grafen und späteren Herzögen von Berg so benannt, war Lennep damals eine Kreisstadt der preußischen Rheinprovinz, ehe es 1929 von dem immer stärker wachsenden Remscheid »geschluckt« wurde, seine kommunale Eigenständigkeit einbüßte und seitdem in die Rolle eines Stadtteils gedrängt ist. Wer dieses Lennep heute besucht, wird nicht nur für kurze Zeit dem Großstadtstreß entfliehen können, sondern auch ein Bild gewinnen, das für die Orte des Bergischen Landes typisch ist. Hier ist noch vieles unversehrte und liebevoll konservierte Vergangenheit: das Kopfsteinpflaster der engen, aufsteigenden Gassen der Altstadt, die schiefergedeckten, -verkleideten Häuser mit ihren gepflegten Fenster- und Türumrahmungen. Ungestört vom hektischen Verkehrsgetriebe der Gegenwart, wird man gerade im Umkreis des Geburtshauses Röntgens und des Röntgen-Museums ohne viel Phantasie in die Zeit zurückversetzt, da der kleine Wilhelm Conrad an der Hand seiner Mutter oder seines Vaters die ersten Schritte ins Leben unternahm.

In Lennep war man hellhörig geworden, als die Nachricht von der Entdeckung einer neuen Art von Strahlen sich wie eine Sensation in der Welt ausbreitete. Im Rathaus wurden die Register gewälzt, und man fand den Namen Wilhelm Conrad Röntgen. Handelte es sich bei dem gebürtigen Lenneper nun um den berühmten Professor? Die Stadtväter wollten auf Nummer Sicher gehen. Ein Brief wurde nach Würzburg geschickt, in dem man anfragte, ob der ehrenwürdige Herr mit dem im Geburtsregister verzeichneten Wilhelm Conrad Röntgen identisch sei. Im Rathaus von Lennep mußte man sich etwas gedulden; denn erst nach Wochen kam eine Antwort aus Italien, wohin Röntgen mit seiner Frau vor dem Rummel um seine Person geflüchtet war. Ja, er sei gebürtiger Lenneper, schrieb Röntgen, außerdem müßten sein Geburtshaus sowie ein Modell davon noch vorhanden sein. Dieses Modell hatte sein Vater 1848 maßstabsgetreu aus Holz gebaut. Es war so fachmännisch konstruiert, daß man, wurde das Dach abgehoben, durch sämtliche Räume bis in den Keller blicken konnte. Es war mehr als eine vorzüglich ausgearbeitete Spielerei, vielmehr ließ es das künstlerische und handwerkliche Erbe jener Neuwieder Vorfahren Abraham und David sichtbar werden. Im Deutschen Röntgen-Museum in Remscheid-Lennep kann sich der Besucher noch heute vom handwerklichen Geschick Friedrich Conrad Röntgens überzeugen oder gar den Bausatz für das Haus erwerben, den eine bekannte Spielzeugfirma anbietet.

Der Sauerländer Walter Vollmer sagt von seinen Nachbarn im Bergischen:

»Hier wohnen schon seit alters her viele, ganz besonders fleißige Leute, die schon in vorgeschichtlichen Zeiten mit Erzen, Hämmern und Eisen und auch sonstwie viel zu tun hatten. Das ist bis heute so geblieben. Es ist die Welt der engen, tiefen Täler, der Stauseen und Bäche, eine große Rumpffläche, mit Städten und Dörfern dicht besiedelt.«

Dieses Land, zu Röntgens Geburtszeit weit mehr industrialisiert als das sich noch im Anfangsstadium an seine spätere Bedeutung herantastende Ruhrgebiet, galt wie Schlesien als ein Zentrum der Tuchindustrie, der Produktion und Verarbeitung. Die von den Kölnern als »scheel Sick«, also scheele Seite, östlich des Rheins apostrophierte Region, die von frühkapitalistischer Wirtschaftsstruktur und sozialen Problemen geprägt war, hätte ebenfalls die Bühne abgeben können, auf der Gerhart Hauptmanns »Weber« spielten. Als Augenzeuge menschlicher Not wurde aus diesem Land der Barmer Fabrikantensohn Friedrich Engels zum ideologischen Weggefährten eines Karl Marx und zum publizistischen Mitarbeiter an den Grundlagen des Sozialismus.

So fanden die seit der Französischen Revolution das feudalistische Europa beunruhigenden Ideen von Freiheit und Gleichheit auch hier einen guten Nährboden. Die territoriale und geistige Restauration der nachnapoleonischen Flurbereinigung hatte nur den Fürstenhöfen Gewinn gebracht. Das Volk jedoch begrüßte die erneuten Revolutionswellen, die über die Grenzen Frankreichs hinausschlugen, und am 19. März 1848 schienen die Barrikadenkämpfe in Berlin das Signal für einen landesweiten Aufstand, aber auch für eine unsichere Zukunft zu setzen.

Daß die Gewitterwolken der Revolution auch den Himmel über dem Bergischen Land bedrohlich verdüsterten und die Unruhe unter der Arbeiterschaft von Tag zu Tag verstärkten, war aufgrund der Bevölkerungsstruktur zu erwarten gewesen. Wie in jenen Wochen viele Deutsche, so entschloß sich auch Friedrich Conrad Röntgen, die Heimat zu verlassen und im nicht fernen Holland einen Neubeginn anzustreben. Dieser Entschluß war kein Wagnis, kein unbedachter Vorstoß ins Unbekannte. Im holländischen Apeldoorn lebte die Verwandtschaft, wo sich zunächst einmal eine erste Unterkunft anbot. Auch beruflich schien kein Risiko gegeben zu sein; denn Holland eröffnete

jedem tüchtigen Kaufmann im Tuchgewerbe gute Verdienst-
chancen.

Friedrich Conrad Röntgen stellte für seine Familie den offiziellen Ausreiseantrag, verkaufte das Haus in Lennep und erhielt
fünf Tage nach dem ersten Zusammentritt der deutschen Natio-
nalversammlung in der Frankfurter Paulskirche, am 23. Mai
1848, die nötigen Papiere.

In Apeldoorn fand das Ehepaar Röntgen mit dem dreijährigen
Wilhelm Conrad ein neues Zuhause. Da das Geschäft bald flo-
rierte, erwarb Vater Röntgen schon 1850 ein eigenes Haus. Im
Lauf der nächsten Jahre erzielte er so beträchtliche Gewinne,
daß er Kapital in mehrere Unternehmen investieren konnte.

Der im Jahre 793 erstmals erwähnte Ort Apeldoorn in der Provinz Geldern wachte um die Mitte des neunzehnten Jahrhunderts aus seinem Dornröschenschlaf auf und begann sich zu
einer betriebsamen Stadt zu entwickeln.

Dort wuchs der kleine Wilhelm Conrad wohlbehütet in einer
wirtschaftlich abgesicherten und gutsituierten Familie auf und
fühlte sich bald als Holländer, so daß er später bei seiner Dissertation in Zürich als Examenskandidat »aus Apeldoorn« firmier-
te, obwohl sein Geburtsort Lennep war.

Wölfflins Erinnerung an das letzte Gespräch in Lenzerheide
ermöglicht Blicke auf die ersten beiden Jahrzehnte in Röntgens
Leben. Wenn auch durch das Elternhaus materiell abgesichert,
verstand Röntgen seine Jugendzeit nicht als sonderlich rosig;
denn eine pädagogische Zwangsmaßnahme schien seinen
beruflichen Zukunftsvorstellungen ein jähes Ende zu bereiten.
Nur der Liebe und dem Verständnis seiner Mutter verdankte er
es, daß ihn trotzdem Wille und Energie nicht verließen.

Unweit seines Elternhauses besuchte er zunächst die Volks- und
dann die Sekundarschule von Martinus Hermanus van Doorn.
1861 wechselte er auf die Technische Schule von Utrecht über, in
der vor allem das technische Rüstzeug für eine leitende Position
in industriellen und gewerblichen Unternehmen vermittelt
wurde. Es ist denkbar, daß Röntgen einmal in die Fußstapfen
seines Vaters treten sollte. Im Haus von Dr. Jan Willem Gunning, Universitätslektor und Lehrer an der Technischen Schule,

der 1865 zum Chemieprofessor des Athenaeums in Amsterdam, der späteren Universität, berufen wurde, hatte er eine ordentliche Unterkunft gefunden.

## Physiknote »sehr schlecht«

Für Studium und Beruf schienen die besten Aussichten gegeben zu sein: die Zeugnisse der Technischen Schule sprachen von einem ganz hervorragenden Schüler Wilhelm Conrad Röntgen. Nur in Chemie und Physik konnten seine Leistungen nicht zufriedenstellen. Ja, ausgerechnet im Fach Physik, der Wissenschaft, in der er drei Jahrzehnte später zu einem der Großen werden sollte, erhielt er die Note »sehr schlecht«. Doch diese Note schien nicht seine tatsächlichen Fähigkeiten widerzuspiegeln; denn das Zeugnis vermerkte, daß er seine Schularbeiten nicht abgegeben habe. Ein »sehr schlecht« also mangels Fleiß, doch wohl kaum mangels Begabung, wenn es auch noch lange dauern sollte, bis die Physik für ihn mehr als ein Lernfach wurde.

Eine solche Zensur wäre zu ertragen und sicher auch zu korrigieren gewesen, hätte die Schulleitung Röntgen keinen Strich durch die Rechnung gemacht, und dies nicht aufgrund des Zeugnisses, sondern wegen eines Schülerstreiches. Widersprüchliche Meinungen einiger Biographen können nur mit den Aussagen Wölfflins über sein Gespräch mit Röntgen ausgeräumt werden, das jener elf Tage nach dem Tod des Freundes in den Basler Nachrichten veröffentlichte.

Die »Affäre« war im Grund so harmlos und lächerlich, daß ein Schmunzeln oder ein Schwamm genügt hätte, sie ohne pädagogischen Aufruhr aus der Welt zu schaffen. Aber Lehrer waren damals nicht nur Respektpersonen, sondern auch Repräsentanten einer unantastbaren Autorität. Verstöße gegen Zucht und Ordnung waren schwerwiegende Delikte, Opposition oder gar Verunglimpfung der Person des Lehrers kam fast einer Majestätsbeleidigung nahe.

Das Abitur in Sichtweite, mußte Röntgen zudem die bittere Erfahrung machen, daß Freundschaft zwar einen edlen Wert beinhaltet, aber nicht immer ebenso edel honoriert wird. Ein Mitschüler, ein angeblich guter Kamerad Röntgens, hatte auf den Ofenschirm des Klassenzimmers mit Kreide ein Konterfei des Klassenlehrers gezeichnet. Röntgen, selbst kein guter Zeichner, stand vor dem »Kunstwerk« und bewunderte es, gerade als der Dargestellte den Raum betrat. Der humorlose, von allen gefürchtete Lehrer inszenierte sofort ein hochnotpeinliches Verhör, nachdem sich der Übeltäter nicht gleich gemeldet hatte und die Klasse dichthielt. Um seinen Freund zu entlasten, trat Röntgen vor und bekannte sich als Urheber des Bildes. Wohl rechnete er mit einer gesalzenen Disziplinarstrafe, doch es kam weit schlimmer, als er geglaubt hatte. Er wurde der Schule verwiesen. Und die Konsequenz schien noch gravierender zu sein; denn damit war ihm der Weg zur Reifeprüfung und zu einem Studium versperrt. Noch Jahre danach sollte er dies zu spüren bekommen, als ihm die bayerische Habilitationsordnung die Venia legendi, also die Lehrerlaubnis, verweigerte, weil er kein Reifezeugnis vorweisen konnte.

Dies war ein harter Schlag. Aber Röntgen parierte ihn, da er, vom Vater zwar heftig gerügt, bei seiner Mutter volles Verständnis und Würdigung seiner kameradschaftlichen und ihn ehrenden Tat fand. Doch nicht nur dieser Rückhalt half ihm, die schwere Zeit durchzustehen. Es gab eine Möglichkeit, die man modern als eine Art zweiten Bildungsweg bezeichnen könnte. Durch ein Privatstudium konnte man sich in einem Zeitraum von eineinhalb bis zwei Jahren als auswärtiger Schüler auf das Abitur vorbereiten. Röntgen nahm diese Chance wahr. Einem befriedigenden Abschluß schien nichts im Wege zu stehen, hatte er sich doch intensiv mit den erforderlichen Kenntnissen gerüstet.

Da holte das unberechenbare Schicksal zu einem zweiten Schlag aus. Acht Kandidaten hatten sich zur Prüfung gemeldet. Unter Nummer fünf lief Röntgens Zulassungsantrag. Doch am Tag vor dem Examen erkrankte der ihm wohlgesinnte Prüfungsleiter, und an dessen Stelle trat ausgerechnet jener Lehrer, der den zwei Jahre zurückliegenden Schulstreich nicht vergessen hatte. In seiner Rache war dieser Herr unerbittlich. Somit stand das Ergebnis schon fest: Wilhelm Conrad Röntgen fiel durch. Erneut und wohl definitiv mußte jede Hoffnung auf ein akademisches Studium begraben werden; denn eine Wiederholung der Prüfung war nicht mehr möglich.

Zweifellos gingen diese Erfahrungen mit der Institution Schule an Röntgen nicht spurlos vorüber. Über viele Jahre hinweg machte er sich über Prüfungen seine eigenen Gedanken, und noch über ein halbes Jahrhundert später schrieb er an Margret Boveri, die Tochter seines Freundes, des berühmten Biologen und Vorläufers der Mutationtheorie, Theodor Boveri, seine grundsätzliche Meinung zu Prüfungen:

»Schülerexamen geben meistens keinen Anhaltspunkt für die Beurteilung der Befähigung für ein spezielles Fach; sie sind überhaupt ein – leider – notwendiges Übel. Überhaupt Examina! Sie sind nötig, um manchen von einem Lebensberuf abzuhalten, für den er zu faul oder sonst ungeschickt wäre, und auch das noch nicht einmal immer ... Die wirkliche Probe auf Befähigung zu einem Beruf bringt erst das spätere Leben ...«

Daß er selbst diese Probe bestand, sollte seine wissenschaftlich so erfolgreiche Laufbahn belegen. Aber was war in jenen Utrechter Tagen zu tun, um die ihm verschlossene Türe zu dem Studium zu öffnen, das ihn berechtigte, Maschinenbauingenieur zu werden, wie er es sich vorgenommen hatte?

33

## Die Schweizer Lokomotive

War Röntgen ohne Abitur ein Hochschulstudium versagt, so wollte er es gleichsam durch den »Hintereingang« erzwingen. Er gab nicht nach, zumal er bei seinen Eltern volle Unterstützung, moralisch und finanziell, fand. Fehlte ihm auch die offizielle Zulassung, so belegte er als Gasthörer an der Universität Utrecht die Fächer Mathematik, Physik, Chemie, Zoologie und Botanik. Gewissenhaft und mit allem Eifer suchte und verarbeitete er die ihm zugänglichen und vermittelten Kenntnisse.

Gerade zwanzig Jahre alt, veranlaßten ihn die eigenen Erfahrungen beim Chemiestudium, zu einem Lehrbuch seines Professors Gunning ein achtundfünfzigseitiges Repetitorium in holländischer Sprache mit dem Titel *Vragen op het anorganisch gedeelte van het scheikundig leerboek van Dr. J. W. Gunning door W.C.R.* zu schreiben, das rund tausend Fragen aus der Chemie enthielt. In einem noch vorhandenen Exemplar findet sich die Widmung: »Herrn Prof. J. W. Gunning hochachtungsvoll überreicht vom Verfasser.« Sicher bedeutete diese Broschüre noch nicht den Einstieg in eine wissenschaftlich-publizistische Tätigkeit. Doch dürfte sie ein erster Beweis dafür sein, wie sich der junge Mann bemühte, seine Arbeit durch Verständnis für Lücken im akademischen Lehrbereich zu ergänzen.

Nach dem Wintersemester 1864/65 und dem darauffolgenden Sommersemester stellte sich Röntgen ernsthaft die Frage, wie es weitergehen sollte, welche Studienchancen ihm Holland noch bieten könnte. Mitten in seine Überlegungen und Zweifel griff das Schicksal, das ihn bislang so unbarmherzig gebeutelt hatte, diesmal helfend ein.

Wenn er an vorlesungsfreien Tagen zu Hause in Apeldoorn war, ging er mit Vorliebe zu den Eisenbahnanlagen; denn er liebte Maschinen, besonders Lokomotiven. Als er eines Tages wieder einmal in Gedanken und interessierter Betrachtung versunken vor einer Lokomotive stand, wurde er von einem Mann, der den großen und kräftigen Jüngling beobachtet hatte, angesprochen. Dieser Mann machte sich als Ingenieur C. L. W. Thormann der Schweizer Lokomotiv-Fabrik bekannt und erklärte, daß er beruflich in Apeldoorn zu tun habe. Er nahm Röntgen mit auf die Maschine und erläuterte ihm alle Funktionen. Nachdem recht schnell eine Vertrauensbasis hergestellt war, erzählte Röntgen von seinem schulischen Mißgeschick und den Schwierigkeiten, Maschinenbaukunde studieren zu können. Dies ließe sich doch wohl korrigieren, meinte Thormann und empfahl Röntgen, sich an das Eidgenössische Polytechnikum in Zürich zu wenden. Dort kämen tüchtige Leute voran, auch wenn sie kein Reifezeugnis besäßen. Um zur Probe zugelassen zu werden, sei allerdings eine Aufnahmeprüfung zu absolvieren.

Es sollte wohl das entscheidendste Gespräch in Röntgens Leben bleiben. Denn dank dieses Hinweises konnte er nicht nur das ersehnte Studium realisieren, sondern es wurde auch sein wissenschaftlicher Werdegang vorgezeichnet. Hinzu kam, daß er in Zürich seiner späteren Frau begegnete. Bis dahin floß allerdings noch reichlich Wasser die dortige Limmat hinunter.

Wilhelm Conrad Röntgen zögerte keinen Augenblick. Obwohl er nicht am Wahrheitsgehalt dieses wichtigen Fingerzeiges zweifelte, wollte er doch ganz sichergehen und holte brieflich Erkundigungen ein. Sie bestätigten die Worte Thormanns. Es war Herbst 1865 geworden. Nun konnte Röntgen nichts mehr in Holland halten. Er beantragte eine Ausreisegenehmigung aus den Niederlanden und eine Niederlassung in der Schweiz. Am 11. November erhielt er die nötigen Dokumente. Durch eine Augenerkrankung am rechtzeitigen Erscheinen verhindert, traf ein paar Tage nach Beginn des Wintersemesters der hoffnungsvolle und zuversichtliche junge Mann in Zürich ein.

Noch aber hatte er kein Zulassungsexamen in der Hand, das ihn zum Studium berechtigte. Dafür legte er angesichts der nicht zu umgehenden Aufnahmeprüfung seine ausgezeichneten Zeugnisse der Technischen Schule zu Utrecht mit dem besonders lobenden Vermerk hervorragender Leistungen in der Mathematik und die Bestätigung als Gasthörer der dortigen Universität vor. Diese Unterlagen schienen dem Direktor des Polytechnikums so eindrucksvoll zu sein, daß er Röntgen ohne Aufnahmeprüfung sofort zum Studium im schon angelaufenen Semester zuließ und diese Entscheidung mit den Worten begründete:

»Sein reifes Alter von zwanzig Jahren, seine vortrefflichen Zeugnisse, namentlich in den mathematischen Fächern der Technischen Schule in Utrecht und sein einjähriger Besuch der Universität selbst rechtfertigen wohl vollkommen den Vorschlag, denselben als Schüler aufzunehmen und von der Prüfung zu dispensieren.«

Die in Utrecht verschlossene Türe hatte sich in Zürich zu einer neuen Welt aufgetan.

Es war in der Tat eine neue Welt für den Zwanzigjährigen, eine Welt der Freiheit, der großen Stadt und der sie umgebenden See- und Bergnatur. Und es war die Befreiung von den deprimierenden Eindrücken der Utrechter Zeit. In Zürich lebte er auf, und hier konnte ihm kein Ungeist in Gestalt eines rachsüchtigen Lehrers den Weg in den Beruf und in die Zukunft verlegen. Zürich und die Schweiz wurden zur entscheidenden Wende. Ein gewisses Gefühl der Dankbarkeit und die Liebe zu dieser Landschaft ließen ihn später regelmäßig Urlaubstage in erinnerungsträchtiger Umgebung verbringen.

### Endlich am Ziel

Im Seilergraben Nummer achtundvierzig fand Röntgen bei der Witwe Hägi für fünfunddreißig Franken im Monat, »inklusive Morgenessen«, ein Domizil. Von hier aus standen ihm Studium, die Stadt und deren faszinierendes Umfeld offen. So war er nicht nur der strebsame Studiosus und stets in seine Bücher und Niederschriften vertiefte Untermieter. Das Privileg unzähliger Studentengenerationen, die wissenschaftlichen Fesseln durch individuelle oder gemeinsame Freizeitgestaltung zu lockern, genoß auch Röntgen in vollen Zügen. Er brauchte den Franken nicht zweimal umzudrehen, ehe er ihn auszugeben gedachte. Der geschäftstüchtige Vater, der seine Gulden gewinnbringend arbeiten ließ, schickte recht ordentliche Wechsel, die der Sohn auch für seine außerstudentischen Ambitionen zu nutzen wußte. Der Zürichsee bot sich zum Schwimmen und Rudern an, die Berge lockten zum Wandern und zu Hochtouren. Weil man des modernen Studenten Fahrzeug, das Auto, noch nicht kannte, mietete sich Röntgen das Statussymbol seiner Jugendzeit, die Kutsche, und ließ sich, bisweilen mit einem holländischen Kommilitonen, durch die Stadt und ihre Umgebung fahren. In maßgeschneiderten weißen Anzügen – damals ein geradezu sensationelles Auftreten – stolzierten er und sein Freund in den belebten Straßen umher und ließen sich von den Schönen der Stadt gebührend bewundern. Häufig führten ihre Wege auch ins Café-Restaurant »Zum grünen Glase«. Der Inhaber, Johann Gottfried Ludwig, war kein üblicher Gastronom, sondern eigentlich ein Kommilitone und eine außergewöhnliche Persönlichkeit. Als Studiker hatte er sich in den Revolutionswirren der vierziger Jahre engagiert und war aus Jena geflüchtet, um gleich anderen in der Schweiz ein neues Leben ohne Unruhe und Verfolgung zu beginnen. Neben seiner Arbeit im Lokal betätigte er sich zusätzlich als Fechttrainer der Studenten, erteilte Privatunterricht in den klassischen Sprachen und bewegte sich somit in den ihm vertrauten Kreisen junger Akademiker. Seine drei hübschen, charmanten, wenn auch stets auf Distanz bleibenden Töchter verhalfen dem Wirtschaftsbetrieb ihres Vaters zu einer nicht unerheblichen Frequenz junger Männer.

Zu ihren Bewunderern zählte auch Wilhelm Conrad Röntgen. Die mittlere der drei, Bertha, eine liebenswerte, fröhliche junge Frau, hatte es ihm besonders angetan. Sie war sechs Jahre älter als er, was ihn jedoch nicht hinderte, ihr den Hof zu machen. Sie wurde seine erste und blieb seine einzige Liebe, seine Ehefrau, sein Kamerad, bis er von der nie ganz Gesunden an ihrem Sterbebett Abschied nehmen mußte. Schon in der ersten Zeit der beiderseitigen Zuneigung mußte Bertha ärztliche Hilfe in Anspruch nehmen. Als sie wieder einmal im Sanatorium auf dem Ütliberg lag und von Dr. Vögli behandelt wurde, entschloß sich Röntgen zu einem Krankenbesuch besonderer Art. Er mietete eine Vierspännerkutsche, lenkte das Gefährt eigenhändig und ohne Begleitung und fuhr wie zu einem Staatsbesuch am Sanatorium vor.

Dieses unbeschwerte Studentenleben war jedoch nur eine Seite der Züricher Zeit. Röntgen war ein eifriger und fleißiger Hörer bei hervorragenden Lehrern, von denen viele aus dem unruhigen Deutschland des Jahres 1848 emigriert waren. Da war Gustav Zeuner aus Chemnitz, der sich erfolgreich um die wissenschaftlichen Voraussetzungen der Maschinenindustrie bemühte. Als Begründer der Graphostatik lehrte der geniale Karl Culmann. In der Chemie arbeitete Röntgen bei Bolley. Von nachhaltigem Einfluß auf den jungen Röntgen sollten der Physiker Rudolf Imanuel Clausius und dessen erst neunundzwanzigjähriger Nachfolger August Kundt werden. Clausius begründete die mechanische Wärmetheorie, Kundt war ein ausgezeichneter Experimentator, der das Manometer entwickelte, schwierige meßtechnische Probleme löste und mit Gasen zu arbeiten begann. Gerade durch Kundt bekam Röntgen seinen weiteren wissenschaftlichen Weg vorgezeichnet.

Am 6. August 1868 hatte Röntgen das sich seit Apeldoorn und Utrecht gesteckte Ziel erreicht: das Polytechnikum händigte ihm das Diplom als Maschinenbauingenieur aus. Der theoretische Teil seiner Diplomarbeit, in der er sich mit einem größeren Projekt einer Maschinenanlage befaßt hatte, war mit der Note $5 ^3/_4$, der konstruktive Teil mit $4 ^1/_2$ bewertet worden. Zu dieser Zeit war eine Sechs die beste, eine Eins die schlechteste Beurteilung. Röntgens stärker ausgeprägtes Interesse für die theoretischen Disziplinen als für Konstruktionsprobleme wird darüber hinaus in erhalten gebliebenen Akten und Zeugnissen des Polytechnikums in Zürich bestätigt. Dies könnte vermuten lassen, daß er sich später besonders der theoretischen Physik gewidmet hätte. Tatsächlich sollte Röntgen aber ein besessener Experimentalphysiker werden. Wenn ihm für den Konstruktionsteil seiner Diplomarbeit ein schlechteres Prädikat erteilt worden war, so lag es hauptsächlich daran, daß Röntgen keine zeichnerische Begabung besaß und seine angefertigten Pläne nicht die perfekte Ausführung vorweisen konnten.

Das Diplom in Händen und doch nicht zufrieden – sollte dieser Abschluß ein Signal bedeuten, daß Röntgen irgendwo im Unscheinbaren verschwinden würde? In dieser Frage half ihm der Gedanke an Bertha, die ihn in ihrer stillen und liebevollen Art an Zürich und weitere Arbeiten band. Und schließlich gab es da noch den Physiker Rudolf Imanuel Clausius, einen Gelehrten von internationalem Format. Das Diplom des Polytechnikums berechtigte, die im gleichen Haus untergebrachte Universität zu besuchen. Röntgen nahm diese Möglichkeit wahr. Nach dem im Nüchternen und Technischen verhafteten Unterricht am Polytechnikum stellte die geistvolle Lehrmethode des großen Clausius einen faszinierenden Gegensatz dar.

Clausius war eine Kapazität auf dem Gebiet der Thermodynamik, mit der die Physik in eine neue Epoche eingetreten war. Denn Clausius hatte die Bedeutung der Austauschgröße bei reversiblen thermischen Energieänderungen, die durch den Quotienten aus der reversibel zu- oder abgeführten Wärmemenge und der absoluten Temperatur gegeben ist, erkannt und sie zunächst Äquivalenzwert, dann Verwandlungswert und schließlich Entropie genannt, wie sie seitdem als fester Begriff in die Physik eingegangen ist. Hinzu kamen die Erkenntnisse von Edmonte Mariotte über das Volumen einer Gasmenge mit dem darauf lastenden Druck und die Entdeckung von Louis Joseph Gay-Lussac über die gleichmäßige Ausdehnung der Gase bei steigender Temperatur.

Diese Forschungsergebnisse wurden von zahlreichen Physikern aufgegriffen, bestätigt und in Versuchen vorangetrieben. Auch Röntgen entschloß sich, damit zu arbeiten und sie zum Thema seiner Dissertation zu machen. Für Clausius schien Röntgen nicht uninteressant zu sein, auch wenn er von den Spezialgebieten des Physikers sichtlich noch zu weit entfernt war; denn eines Tages sagte er zu Röntgen im Vorbeigehen: »Mein lieber Röntgen, wenn Sie so weitermachen, wird nicht viel aus Ihnen.« Aber Röntgen ließ sich nicht entmutigen. Bereits 1869 legte er der Hohen Philosophischen Fakultät der Universität Zürich seine Dissertation *Studien über Gase* vor. Aber nicht Clausius, sondern Prof. Dr. A. Mousson wirkte als Referent seiner Promotion. Dieser, eigentlich Experimentalphysiker, schrieb am 22. Juni 1869, nachdem er den Inhalt der Arbeit ausführlich dargelegt hatte:

»... kann dieselbe als eine größtenteils selbständige, wissenschaftlich durchgeführte und mit theoretisch interessanten Resultaten abschließende Arbeit bezeichnet werden, wenn auch der Hauptpunkt, die neue Formulierung des Mariotte-Gay-Lussacschen Gesetzes noch nicht als hinlänglich erwiesen betrachtet werden kann. Jedenfalls enthält die eingereichte Schrift mehr als genügende Beweise von gediegenen Kenntnissen selbständiger Forschungsgabe auf dem Gebiet der mathematischen Physik ...«

Diese bei Zürcher und Furrer in Zürich gedruckte Dissertation, »vorgelegt ... von Wilhelm Röntgen von Apeldoorn (Holland)«, gehört heute zu den wertvollen Exponaten in der Abteilung des Deutschen Röntgen-Museums in Remscheid-Lennep, in der unmittelbare Erinnerungsstücke an den Physiker aufbewahrt werden.
Röntgen wurde zum Dr. phil. promoviert. Doktorvater war Gustav Zeuner, Professor für technische Mechanik und theoretische Maschinenlehre, ein Experte auf seinem Fachgebiet und als blendende Lehrkraft geschätzt. Zeuners Machtwort war übrigens ausschlaggebend gewesen, daß Röntgen damals sein Studium ohne Aufnahmeprüfung hatte antreten können.
Wie für eine Dissertation obligatorisch, hatte auch Röntgen seinen Lebenslauf der Arbeit angefügt:

Wilhelm Conrad Röntgen, geboren 27. März 1845 zu Lennep (Rheinprovinz), erhielt im Jahre 1848 die holländischen Bürgerrechte und besuchte bis 1861 in dem Wohnort seiner Eltern Apeldoorn (Holland) die Primar- und Sekundarschule, wurde dann Schüler an der technischen Schule zu Utrecht (Holland), wo er bis 1863 hauptsächlich in folgenden Fächern unterrichtet wurde: Trigonometrie, Stereometrie, descriptive Geometrie, Algebra, Experimentalphysik, Chemie, Technologie. Indem er zu weiterer theoretischer Ausbildung Lust hatte, widmete er das Jahr 1863 bis 1864 dem Privatstudium der lateinischen und griechischen Sprache und ließ sich im Jahre 1864 an der Universität zu

Utrecht bei der Philosophischen Fakultät einschreiben und hörte während zwei Semestern folgende Hauptfächer: Analysis, Prof. D. Buys-Ballot; Physik, Prof. Dr. van Rees; Chemie, Prof. Dr. Mülder; Zoologie, Prof. Dr. Harting; Botanik, Prof. Miquel. – Nicht zufrieden jedoch mit dem Gang der Studien an genannter Universität, wurde er durch den Ruf, welche die Züricher Schule hat, bestimmt, dahinzuziehen und sich speziell der angewandten Mathematik zu widmen. Zu diesem Zweck trat er an der mechanisch-technischen Abteilung des Eidgen. Polytechnikums ein, besuchte während des vorgeschriebenen regelmäßigen Kurses außer den obligatorischen Vorlesungen hauptsächlich noch folgende: Cinematik, Privatdozent Hauffe; mechanische Wärmetheorie, Prof. Dr. Clausius; Elastizität und elastische Schwingungen, derselbe; Riemann'sche Funktionentheorie, Prof. Dr. Prym; bestimmte Integrale, derselbe; analytische Mechanik, Prof. Dr. Reye. Am Ende des Kurses legte er in folgenden, zur Bewertung des Diploms benötigten Fächern Examen ab: Analytische Geometrie der Ebene, Differential- und Integralrechnung, Methode der kleinsten Quadrate, Analytische Geometrie des Raumes, Darstellende Geometrie, Geostatik, Hydrostatik, Geodynamik, Hydrodynamik, allgemeine Physik, Wärmelehre, Elektrizität, Optik, Theoretische Maschinenlehre, Maschinenbaukunde, Mechanische Technologie der Baumaterialien, Metallurgie und Civilbau. Im August 1868 erhielt er das Diplom als Maschinening. und war von da an bis dato als Zuhörer von einigen mathematischen Vorlesungen am Eidgenössischen Polytechnikum eingeschrieben.

Aus der breiten Fächerung von Röntgens Studien wird ersichtlich, wie gründlich er sich die für seinen beruflichen Werdegang, über den er zu jener Stunde noch gar keine Vorstellung besaß, notwendigen Grundlagen sicherte.
Im Überschwang seiner Begeisterung, die Promotion ohne Schwierigkeiten geschafft zu haben, eilte Röntgen in die Stadt,

erstand einen riesigen Strauß Rosen, stürmte auf den Ütliberg, wo Bertha erneut von Dr. Vögli behandelt werden mußte, und legte ihr das farbenprächtige und duftende Beweisstück seiner Liebe und seiner Freude über den gelungenen Abschluß auf das Krankenbett. Als Bertha das Sanatorium wieder verlassen durfte, verlobten sich die beiden offiziell. Ihre Liebe war nun fest verankert, aber noch fehlte dem jungen Akademiker das wirtschaftliche Fundament für eine Ehe, da er sich nicht entschließen konnte, als Maschineningenieur zu arbeiten oder gar in die Fußstapfen seines Vaters zu treten.

### »Ihr blieb ich treu«

Diese vier Worte Röntgens hatten volle Gültigkeit – bezogen auf sein Leben mit Bertha, der er am 19. Januar 1872 vor dem Standesbeamten in Apeldoorn sein Jawort gab. Doch diese Worte beziehen sich auch auf die Physik, an die er bei seiner Promotion noch nicht gedacht hatte. Denn wie aus den Studienangaben in seinem Lebenslauf ersichtlich, bildeten Mathematik und Technologie die Schwerpunkte, Physik – und auch nur allgemeine – lief auf einem unbedeutenden Nebengeleis.
Aber wieder griff das Schicksal, diesmal in Gestalt des Clausius-Nachfolgers August Kundt, in Röntgens Leben und Werdegang ein. Diese entscheidende Wende schilderte er am 12. Juli 1919 in der Rückschau in einem Brief an Margret Boveri:

»... als ich vor 50 Jahren mein Doktordiplom ausgehändigt bekommen hatte, rannte ich damit auf den Uetliberg – bei Zürich – hinauf, wo damals mein Schatz zur Kur verweilte, und wir waren dann recht stolz und fröhlich, trotzdem die Geschichte eigentlich nicht viel bedeutete, und ich allen Grund hatte, wegen meiner ganz ungesicherten Zukunft recht besorgt sein zu müssen. Ich hatte zwar zwei Diplome – eines als Ingenieur und das zweite als Dr. phil. – in Händen, konnte mich aber gar nicht entschließen, in die Tech-

42

nik zu gehen, was der ursprünglich beabsichtigte Plan war. In dieser kritischen Zeit lernte ich einen jungen Professor der Physik – Kundt – kennen, der mich eines Tages fragte: ›Was wollen Sie eigentlich in Ihrem Leben?‹ Auf meine Antwort, daß ich das nicht wüßte, sagte er, ich solle es doch einmal mit der Physik versuchen, und als ich ihm bekennen mußte, daß ich mich damit so gut wie gar nicht beschäftigt hätte, meinte er, das ließe sich wohl nachholen. Kurz und gut, mit 24 Jahren und so halb und halb verlobt, fing ich dann an, Physik zu studieren und zu treiben. Ihr blieb ich treu …«

Im Alter von neunundzwanzig Jahren war August Kundt (1839–1894) nach Zürich als Nachfolger von Clausius auf den Lehrstuhl für Physik berufen worden. Der begabte Experimentalphysiker untermauerte seine Vorlesungen mit zahlreichen Versuchen. Das heute geläufige »Physikalische Praktikum« geht auf Kundts »Physikalische Übungen« zurück. Für diese Übungen brauchte er einen Assistenten. Warum seine Wahl gerade auf Röntgen fiel, der in der Physik doch ein Anfänger war und nur ein technisch-mathematisches Studium absolviert hatte, bleibt Spekulation. Möglicherweise hatte Kundt instinktiv erkannt, daß unter seiner Anleitung Röntgens Fähigkeiten ausgebaut und für die Physik nutzbringend angewandt werden könnten.

Noch bevor ihn der Ruf nach Zürich ereilte, hatte sich Kundt bereits mit sechsundzwanzig Jahren einen Namen in der Fachwelt gemacht. Ihm gelang 1866 der Nachweis stehender akustischer Wellen in einem Glasrohr mit Hilfe der nach ihm benannten Staubfiguren. Feiner Korkstaub sammelt sich an den Bewegungsknoten in eigentümlich geschichteten Häufchen an, so daß aus dem Abstand zweier benachbarter Bewegungsknoten die halbe Schallwellenlänge bestimmt werden kann. Weniger die Vermittlung von Theorien als das Experimentieren stand im Vordergrund seiner physikalischen Forschungen. Mit der Bewunderung für seinen Lehrer und Meister wuchs Röntgens Faszination durch die Physik. Schon begnügte er sich nicht damit, wie ein Lehrling nur mit Handreichungen zu dienen. Sich selbst an das Experiment, an das Forschen zu wagen, mußte gerade bei einem Gelehrten wie Kundt volle Zustimmung erfahren. Aus diesem Verhältnis zu Kundt nahm Röntgen den Grundsatz in seine späteren Jahre mit, diejenigen Studenten und Assistenten besonders zu schätzen, die sich nicht an Herkömmliches klammerten, sondern eigene Initiativen entwickelten.

# Auf Wanderschaft

## Mit Kundt nach Würzburg und Straßburg

Aus einem Jahr Arbeit unter und mit Kundt hatte der Assistent Wilhelm Conrad Röntgen ein gediegenes Maß an Selbstbewußtsein gewonnen. Er begann, die Ergebnisse seiner eigenen Experimente in Niederschriften festzuhalten, um sie zu einer geschlossenen Arbeit ausbauen zu können. Schon dieser Einstieg in die strenge wissenschaftliche Tätigkeit verdeutlichte, daß er keine Scheu vor komplizierten Themen zeigte, sie vielmehr durch unermüdliche Versuche beweiskräftig zu untermauern verstand. Daß er in diesem Vorstadium seiner Laufbahn gleich mit einer Berichtigung eines scheinbar unfehlbaren Gelehrten aufwartete, ließ schon in jenen Tagen seine gewissenhafte Art erkennen, den Dingen auf den Grund zu gehen.

Wie bereits erwähnt, hatte die Entdeckung der Thermodynamik die Wissenschaftler beflügelt, sich eingehend mit diesem Gebiet zu beschäftigen. Von Clausius und dessen Arbeiten angetan, konnte sich auch Röntgen diesem Thema nicht verschließen und begann, Schlüsse aus den vorliegenden Gesetzen der spezifischen Wärme zu ziehen. Zwei französische Gelehrte, Clément und dessen Schwiegersohn Desormes, hatten das Verhältnis der spezifischen Wärme bei konstantem Druck und konstantem Volumen experimentell ermittelt. Ihre Methode war dann von dem großen Friedrich Wilhelm Georg Kohlrausch (1840–1910), der schon zu Lebzeiten wegen seiner berühmten Präzision im Messen von den Kollegen den treffenden Beinamen »Physiker der fünften Dezimale« erhalten hatte, um wesentliche Daten korrigiert worden. Kohlrausch, der über Professuren in Göttingen, Zürich, Darmstadt, Würzburg (hier Vorgänger von Röntgen) und Straßburg schließlich ab 1895 Präsident der Physikalisch-Technischen Reichsanstalt in Berlin wurde, hatte bereits 1870 mit seinem dreibändigen Werk *Leitfaden der praktischen*

*Physik* begonnen, einer Arbeit, die 1968 unter dem Titel *Praktische Physik* eine noch immer aktuelle Neuauflage erlebte.

Die von Kohlrausch weiter ausgearbeitete und verbesserte Methode der beiden Franzosen nahm sich Röntgen vor. Er wollte auf Kohlrauschs Ergebnissen aufbauen. Da stieß er auf einen entscheidenden Fehler. Konnte dem bedeutenden Physiker so etwas passiert sein? Röntgen war verständlicherweise überzeugt, daß nicht Kohlrausch, sondern er sich geirrt hatte. Um seinen eigenen Irrtum herauszufinden und zu bestätigen, prüfte er immer und immer wieder, wochenlang und mit aller Genauigkeit. Aber jedesmal bewiesen ihm die Daten: Seine Ergebnisse waren richtig, und dem in der Welt der Physik hochgeschätzten Kohlrausch war ein gravierender Fehler unterlaufen. Wie ein Schock wirkte diese Erkenntnis auf den jungen und in der Wissenschaft noch namenlosen Assistenten. Es war, als habe ein Lehrling die Ungeheuerlichkeit im Sinn, beim Bau einer Brücke über den Rhein dem Architekten nachweisen zu wollen, daß dessen Berechnung der Statik falsch sei. Der Gedanke und die Schlußfolgerung, daß ein Anfänger in der Physik das Wagnis eingehen wollte, am wissenschaftlichen Ruf eines hochgeschätzten Experten zu kratzen, machten Röntgen zu schaffen.

In Röntgens Überlegungen, welche Konsequenzen er aus seinen Berechnungen ziehen sollte, platzte ein erster Ortswechsel. Sein Lehrer August Kundt folgte dem Ruf der Universität Würzburg und nahm seinen Assistenten mit. Man schrieb das Jahr 1870 mit der politisch-militärischen Auseinandersetzung zwischen Deutschland und Frankreich. Dies berührte Röntgen jedoch wenig, als er sich an seinem Arbeitsplatz im Physikalischen Kabinett des vier Jahrhunderte alten Gebäudes der Universität in der Domerschulstraße, das später als Bibliothek diente, wieder an seine Studien der spezifischen Wärme machte. Mit aller Sorgfalt und Sachlichkeit schloß er das Manuskript ab und überreichte es Kundt. Von diesem kam jedoch keine Reaktion. War es ein Affront, ein Rütteln an einem geheiligten Denkmal, das sich der junge Mann erlaubt hatte? Kundt blieb stumm. Röntgen wurde von Tag zu Tag unruhiger, geriet in Sorge um seine wissenschaftliche und berufliche Existenz. Bei aller

Bedrängnis im Herzen wagte er es nicht, Kundt auf die Arbeit anzusprechen. Er konnte ja nicht wissen, daß dieser von der exakten und in allen Punkten unantastbaren Arbeit beeindruckt war. Obwohl auch Kundt nicht ganz frei von Bedenken über eine mögliche Verbitterung des von ihm ebenfalls geschätzten Kohlrausch war, hatte er Röntgens Schrift doch sofort den *Annalen für Physik und Chemie* eingereicht, ohne es seinen Assistenten wissen zu lassen. Doch eines Tages gab er ihm die Antwort auf viele Zweifel und stumme Fragen: Röntgen fand das neueste Heft der Annalen mit seinem Beitrag *Über die Bestimmungen des Verhältnisses der spezifischen Wärmen der Luft*«, den Kundt dick angestrichen hatte, auf seinem Schreibtisch. Überraschung und Freude waren vollkommen. Mit Bravour hatte der junge Röntgen die erste wissenschaftliche Hürde genommen und den Nachweis solider Arbeit erbracht.

Aber auch Kundt sah sich in seiner Überzeugung bestätigt, mit Röntgen als Mitarbeiter den besten Griff getan zu haben. Mit Recht, so argumentierte er, habe Röntgen aufgrund präziser Arbeit und unanfechtbarer Resultate einen Anspruch auf die Venia legendi und damit den Einstieg in die höchsten akademischen Gefilde. So schlug er der Fakultät vor, Röntgen zur Habilitation zuzulassen.

Doch die Fakultät sagte nein, mußte nein sagen, auch wenn man Kundt gerne entgegengekommen wäre. Die Universität zu Würzburg war 1402 mit dem Segen von Papst Bonifaz IX. gegründet und hundertachtzig Jahre später, mit weiteren päpstlichen Privilegien ausgestattet, von einem der bedeutendsten Fürstbischöfe, Julius Echter, erneuert worden. An alten Traditionen und an der seit dem Verlust der fränkischen Selbständigkeit nun gültigen bayerischen Habilitationsordnung durfte nicht gerüttelt werden. Röntgen fehlte das entscheidende Diplom: das Abitur. Der Schülerstreich von Utrecht wurde zu einer unüberwindbaren Schranke auf bayerischem Hochschulboden. Am tiefsten betroffen war aber Kundt. Dieses Nein empfand er als eine persönliche Ohrfeige, als Mißachtung seiner Stellung als angesehener Wissenschaftler. Er revoltierte gegen diese Entscheidung, ließ Fakultät und Universität wissen, daß er Würzburg verlassen werde, rannte aber, bei allem Verständnis, das man ihm entgegenbrachte, vergebens gegen die Bestimmungen an.

Die Paragraphen des Kultusministeriums ließen kein Hintertürchen offen. Röntgen mußte sich dem Schiedsspruch beugen. Doch er war zu jung, um zu kapitulieren; denn wenn es schon Bayern sein sollte, so gab es noch eine Möglichkeit: Die Hochschulordnung ließ es zu, daß auch ein Dozent, der sich auswärts habilitiert hatte, eine Berufung in Bayern erhalten konnte. Doch ohne über diese Klausel sonderlich zu grübeln, ging Röntgen zunächst einmal daran, sein Privatleben auf ein festes Fundament zu stellen. Im fernen Zürich lebte seine Verlobte. Schon zwei Jahre währte, wenn auch nur räumlich, die Trennung. Sie aber bewirkte, daß Röntgens Sehnsucht und Liebe zu Bertha noch stärker wurden. Die wirtschaftliche Basis war keinesfalls berauschend, das Assistentengehalt mäßig, und vom Vater kam nur noch eine geringe finanzielle Zuwendung. Dieser Engpaß hinderte ihn aber nicht daran, im Januar 1872 mit seiner Braut zu Eltern und Schwiegereltern nach Apeldoorn zu reisen, wo am 19. Januar die Ehe geschlossen wurde.

An diesem Punkt sollte auch der Frau an Röntgens Seite ein bescheidenes Denkmal gesetzt werden. Anna Bertha war nicht wie zahlreiche Wissenschaftler-Ehefrauen vom gleichen oder ähnlichen Fach ihres Mannes. Doch auch ohne fachliche Voraussetzungen wirkte sie als seine Mitarbeiterin der Stille, des Verstehens, des Ermunterns, aber auch des Verzichtens und übte auf diese Weise einen tiefen Einfluß auf Röntgens Arbeit aus. Aus dem hübschen, liebevollen Mädchen der Züricher Zeit wurde eine reife, gütige Frau, die es verstand, sich jeder neuen Wirkungsstätte und Aufgabe Wilhelm Conrads anzupassen und dem Alltag ihren unaufdringlichen Stempel aufzuprägen. Im Freundes- und Kollegenkreis war ihr ebenfalls ungeteilte Anerkennung sicher. Wie ihr Mann liebte auch sie die Natur und – soweit es ihre Gesundheit zuließ – die gemeinsamen Wanderungen. Jahrelang leidend, aber nicht unwillig und verzweifelt, durfte sie erfahren, mit welch großer Liebe ihr Mann sie umsorgte, unermüdlich pflegte und ihr eigenhändig täglich mit

Injektionen die Schmerzen zu lindern suchte. Doch diese schweren Tage waren noch in weiter Ferne, als das junge Paar von der Hochzeit aus Apeldoorn zurückkehrte.

Nur eine kurze Zeit war den Neuvermählten in Würzburg vergönnt, wo sie ein bescheidenes Häuschen in der Heidingsfelder Straße bewohnten. Sie mußten erfahren, daß ein Lehrer, ob an der Volks- oder Hochschule tätig, erst nach manchen Wanderungen ein bleibendes Zuhause findet. Doch die Ortswechsel sollten Röntgens wissenschaftlichem Werdegang nur förderlich sein. August Kundt, noch immer den Würzburgern grollend, machte seine Drohung wahr und nahm 1872 den Ruf der nach dem Ende des Deutsch-Französischen Krieges gegründeten Reichsuniversität von Straßburg an, die den Namen des in Versailles proklamierten deutschen Kaisers Wilhelm erhalten hatte. Keine Frage, daß er seinen Assistenten ins Elsaß mitnahm. Daß dann ausgerechnet Kohlrausch sein Nachfolger in Würzburg wurde, empfand Kundt als Genugtuung, wohl gar als gerechte Strafe für die bayerischen »Paragraphenreiter« in der Stadt am Main.

Im Bewußtsein, mit Röntgen keinen Neuling mehr in der Physik an seiner Seite zu haben, wollte Kundt seinem Assistenten mit Straßburg keinen Schritt ins Ungewisse zumuten. Er sorgte dafür, daß die bereits vorliegenden beiden weiteren Forschungsergebnisse des jungen Mannes mit der Publikation in den *Annalen* der Fachwelt bewiesen, daß hier ein Wissenschaftler heranwuchs, der besonderer Aufmerksamkeit würdig war. Und auch in einem weiteren entscheidenden Punkt wollte Kundt für klare Verhältnisse sorgen. Bevor er der kräftig aufstrebenden Universität zusagte, versicherte er sich, daß man dort der Habilitation seines Assistenten keine Steine in den Weg legen würde. In dem bekannten, ebenfalls erst ab 1872 in Straßburg lehrenden Chemiker Johann Wilhelm Friedrich Adolf Ritter von Baeyer, dem 1878 als Nachfolger Liebigs in München die Vollsynthese des Indigos gelang und der für zahlreiche weitere Arbeiten in der Farbstofforschung 1905 den Nobelpreis für Chemie erhielt, hatte Kundt einen prominenten Fürsprecher für sein Anliegen. Dessen Unterstützung sicher, wechselte das Physiker-

Duo Kundt–Röntgen zu »neuen Ufern«, nämlich vom mittleren Main zum oberen Rhein.

Diese Arbeitsstätte sollte nun endlich die längst fällige Anerkennung der Qualifikation Röntgens für die akademische Laufbahn bringen. Hatte sich Würzburg an strenge traditionelle Hochschulgesetze halten müssen, so herrschte an Straßburgs junger Universität eine ebenso liberale wie aufgeschlossene Handhabung der Bestimmungen, die dem Können und nicht Papierunterlagen den Vorzug gab. In fünf Veröffentlichungen innerhalb zweier Jahre schlug sich Röntgens emsige Institutsarbeit nieder, und am 13. März 1874 konnte er sich als Privatdozent habilitieren. Die bayerisch-würzburgische Klippe hatte er ohne widrige Gegenströmung umschifft – mit August Kundt als souveränem Kapitän.

»Wie waren wir doch stolz«, wird Bertha über diesen Erfolg später mehrfach schreiben, und dazu hatte das junge Ehepaar Röntgen allen Grund. Aber noch mußten zwei Jahrzehnte bis zu Röntgens bahnbrechender Entdeckung vergehen, die die Welt mehr bewegte als das politische Schaukelspiel der europäischen Mächte.

### Einmal Hohenheim und zurück

Oberhalb von Stuttgart auf der Filder Höhe, nahe der Autobahn und dem Flughafen, steht ein Barockschloß, das der erst 1967 gegründeten Universität der Landeshauptstadt Baden-Württembergs gehört. Der anstelle einer mittelalterlichen Wasserburg Ende des achtzehnten Jahrhunderts erbaute herzogliche Landsitz in dem damals kleinen Ort Hohenheim hat als Bildungsstätte jedoch eine um hundertfünfzig Jahre längere Tradition als die heutige Universität. Seit 1818 ist dieses repräsentative Gebäude eine Schule, zunächst Landwirtschaftliche Versuchs- und Unterrichtsanstalt, ab 1847 Akademie.

Im Jahr 1875 erhielt der dortige Professor für Mathematik und Physik, Heinrich Friedrich Weber, den Ruf an das Polytechni-

kum in Zürich. Der Berufungskommission in Hohenheim empfahl er als seinen Nachfolger den am Physikalischen Institut der
Universität Straßburg tätigen, durch interessante Publikationen
bereits bekanntgewordenen Dozenten Wilhelm Conrad Röntgen. Die Kommission folgte dem Rat des scheidenden Weber,
und der Berufene stimmte zu. So wurde der dreißigjährige
Röntgen ein Jahr nach seiner Habilitation Professor für Mathematik und Physik an der Akademie Hohenheim.

Das hörte sich vielversprechend an. Doch die Erwartungen, mit
denen Röntgen und seine Frau nach Hohenheim gewechselt
waren, schlugen recht bald in Enttäuschung um. Dem hoff-
nungsvollen frisch ernannten Professor stand nur ein kleines,
für den landwirtschaftlichen Unterrichtsbetrieb ausgerüstetes
Kabinett zur Verfügung, in dem keine Forschung durchgeführt
werden konnte. Nicht nur dieser Umstand berührte Röntgen,
der doch mit Leib und Seele Experimentalphysiker war, besonders schmerzlich. Er fühlte sich zudem in die wissenschaftliche
Isolation abgedrängt, in der kaum ein anregender Kontakt und
Erfahrungsaustausch mit Physikerkollegen möglich war.

Auf rein menschliche Kontakte brauchte er hingegen nicht zu
verzichten. Sie waren die Lichtpunkte in seiner Hohenheimer
Zeit. Franz Baur, Professor für Forstwirtschaft, der neben seinem eigentlichen Fach auch Physik gelehrt hatte, wurde jetzt
von Röntgen abgelöst. Mit Baur bahnte sich eine Freundschaft
an. Dessen Tochter Lotte sollte über Jahre hinweg eine echte
Freundin der Röntgens werden und vor allem Bertha als Reise-
begleiterin und bei ihren immer wieder auftretenden Erkrankungen betreuen. Nicht minder angenehm fand Röntgen die
Begegnungen mit Karl von Siemens und dessen damals schon
viel beachteten Bruder Werner; mit beiden kam es auf der Basis
von Physik und Technik zu einem regen Gedankenaustausch.
Doch auch der Kontakt mit weiteren Professorenkollegen, etwa
mit Fischbach oder dem Geologen Nies, konnte Röntgens
Unzufriedenheit mit den beruflichen Bedingungen in der Akademie nicht abschwächen. Ihm fehlte nahezu jede Voraussetzung zum Experimentieren; nur dozieren entsprach nicht seiner
Vorstellung von einem engagierten Physiker. Der Resignation

51

nahe, rann ihm ein Jahr unter tatenlosen Händen und vergeblicher Inspiration dahin.

Und wieder brachte Kundt die erlösende Wende. Er hatte an der Straßburger Universität einen zukunftsweisenden Schritt getan und einen Lehrstuhl für theoretische Physik vorgeschlagen und mit seiner wissenschaftlichen Autorität durchgesetzt. Dies bedeutete zwar eine Trennung von der Experimentalphysik, doch sah man es zu jener Zeit als durchaus tragbar an, daß ein Experimentalphysiker auch das theoretische Fach wahrnehmen konnte. Dafür hatte Kundt seinen ehemaligen Assistenten vorgesehen. Röntgen zögerte keinen Augenblick. Er nahm das Angebot, diesen Lehrstuhl zu besetzen, sofort an. Nach einem Jahr unbefriedigender Arbeit kehrte er am 1. Oktober 1876 der Hohenheimer Akademie den Rücken und atmete als Extraordinarius auf dem zweiten Lehrstuhl für Physik wieder die vertraute und großzügige Straßburger Luft.

Theoretische Physik – Röntgen sah darin kein Hemmnis. Auch in seiner neuen Aufgabe blieb er der Experimentalphysik treu. Räumlichkeiten und Geräteeinrichtungen kamen solchen Wünschen entgegen. Versuche bedeuteten ihm alles, ohne daß er sich dabei jedoch bei nur einem Thema verausgabte. Zusammen mit Kundt, aber zumeist allein erarbeitete er in der Straßburger Zeit neun Veröffentlichungen. Sie erschienen hauptsächlich in der wichtigsten Fachzeitschrift, den *Annalen der Physik und Chemie*, die von Johann Christian Poggendorff, dem Begründer der Messung gleicher Winkeländerungen mit Hilfe der Spiegelablesung, herausgegeben wurde. Durch diese Beiträge wurden Röntgen und seine Arbeiten nicht nur bei den Fachkollegen bekannt, sondern mehr und mehr als wegweisende Meilensteine in der physikalischen Forschung geschätzt.

Aus dem breiten Feld der Physik griff er sich ein nicht minder umfangreiches Gebiet heraus, das er mit der ihm eigenen Genauigkeit untersuchte und nach kritischer Überprüfung in unwiderlegbaren Resultaten niederlegte. Fortwährende Entladungen der Elektrizität wurden von ihm ebenso überprüft und publiziert wie das Verhältnis der Querkontraktion zur Längsdehnung bei Kautschuk. Bei diesem Thema vermochte er den von dem Franzosen Poisson aufgestellten Zahlenwert zu korrigieren.

Auf wichtigen Vorleistungen bedeutender Physiker konnte Röntgen aufbauen und weiterführend seine eigenen Gedanken einbringen. Da war zum einen der britische Arzt Thomas Young (1773–1828) gewesen, den man schon bald als Naturwissenschaftler bezeichnete, nachdem er besonders auf nichtmedizinischem Gebiet eine aufsehenerregende Tätigkeit entfaltet und darüber hinaus mit der Übersetzung des demotischen Textes jenes berühmten Steines von Rosette zur Entschlüsselung der ägyptischen Hieroglyphen beigetragen hatte. Youngs Hauptaugenmerk hatte jedoch der Physik gegolten, über die er bereits als achtundzwanzigjähriger Mediziner an der Royal Institution Vorlesungen hielt. Unter seinen zahlreichen Arbeiten ragt vor allem seine Erklärung der Polarisation des Lichtes hervor, die besagt, daß Licht eine transversale Welle sei. Auguste Jean Fresnel (1788–1827), eigentlich Straßen- und Brückenbauingenieur, der zahlreichen physikalischen Bezeichnungen seinen Namen verlieh – vom Ellipsoid bis zur Zonenkonstruktion –, vollendete 1822 Youngs Theorie durch Betrachtung transversaler Wellen in einem elastischen Äther. Schließlich entdeckte in diesem Feld des Elektromagnetismus Michael Faraday 1845 den Zusammenhang zwischen Licht und Elektrizität, als er die Dehnung der Polarisationsebene des Lichtes beim Durchgang durch einen magnetischen Körper herausfand. Dem nach ihm benannten Faradayeffekt galt Röntgens besonderes Interesse. Zudem befaßte er sich auch mit dem von John Kerr gefundenen elektrooptischen Effekt der Doppelbrechung gewisser Substanzen im elektrischen Feld. Sicher spielte dabei auch seine Ingenieurausbildung eine Rolle, die ihn anspornte, technische Probleme nicht unbeachtet zu lassen, sondern die praktische Anwendung dieser Effekte für realisierbar zu erachten. So machte sich Röntgen rasch einen Namen als ernsthaft arbeitender Wissenschaftler sowie als vielversprechende Nachwuchskraft für den Kreis der großen Physiker des letzten Viertels des neunzehnten Jahrhunderts.

## Gießener Experimente: der »Röntgenstrom«

Wo sich das besonders in Studentenkreisen vielzitierte Flüßchen Lahn, von Marburg im Norden kommend, nach Westen, dem Rhein, zuwendet, liegt in einem weiten Becken die einstige Hauptstadt der Provinz Oberhessen, das bald auf siebenhundertfünfzig Jahre Stadtrecht zurückblickende Gießen. Aus einem Gymnasium wurde 1607 die Universität gegründet, die heute den Namen des weltberühmten Chemikers Justus von Liebig trägt.

Eine an Arbeit, wissenschaftlichen Erfolgen, aber auch gesellschaftlich reiche Zeit brach an, als sich Röntgen 1879 entschloß, die Berufung nach Gießen anzunehmen. Wie später die Zeit in Würzburg, so rechnete er auch die Jahre in Gießen zu den glücklichsten und inhaltsreichsten seines Lebens. Er holte seine Eltern zu sich, und da seine Ehe mit Bertha kinderlos blieb, nahm er im letzten Jahr seiner Gießener Tätigkeit die Züricher Nichte seiner Frau, Josephina Bertha Ludwig, bei sich auf. Als sie einundzwanzig Jahre alt geworden war, wurde sie vom Ehepaar Röntgen adoptiert.

Längst schon von den Fachkollegen anerkannt, hatte Röntgen seine Berufung den berühmten Physikern Helmholtz und Kirchhoff zu verdanken. Als das Ordinariat für Physik frei geworden war, übten die beiden ihren starken Einfluß aus, um Röntgen nach Gießen zu holen. Was war jenes 1879 doch für ein bedeutendes Jahr! Drei große Naturwissenschaftler wurden geboren: der Chemiker Otto Hahn und die Physiker Albert Einstein und Max von Laue. Der Dermatologe Albert Neisser entdeckte die Gonokokken, in München wurde auf Initiative von Max von Pettenkofer das erste Hygieneinstitut Deutschlands eröffnet, und Werner von Siemens führte in Berlin auf der Gewerbeausstellung die erste elektrische Bahn vor. Und mit dem gleichen Jahr begann für Röntgen jene Schaffensperiode, die ihm letztlich Weltruhm einbrachte, auch wenn er zu bescheiden war, sich in einer solchen Ehre zu sonnen oder sich gar zu Überheblichkeit hinreißen zu lassen.

Schon bald sah sich Röntgen von einem Freundeskreis hervorragender Wissenschaftler umgeben und als Gleichberechtigter gewürdigt. Zumeist waren es Mediziner, mit denen er durch das Lahntal oder über die Höhen des Westerwaldes zum Rhein wanderte: der Chirurg Rudolf Krönlein, der Ophthalmologe von Hippel oder der Hygieniker Georg Gaffky, ein Schüler Robert Kochs.

Diese Freundschaften und sein in der Schweiz geprägtes Verhältnis zur Natur, das ihn in Gießen veranlaßte, eine eigene Jagd zu pachten, waren indes nur der Rahmen für die alltägliche wissenschaftliche Arbeit in einem Institut, das er nach Übernahme des Lehrstuhls nach seinen eigenen Plänen aufbauen und einrichten konnte, ohne daß bei den erforderlichen Mitteln geknausert wurde. Im Vergleich zu den Hohenheimer Verhältnissen fand er hier ausgesprochen günstige äußere Bedingungen vor. Wie förderlich diese Möglichkeiten der Forschung Röntgens waren, unterstreichen achtzehn Veröffentlichungen aus seiner Gießener Zeit auf verschiedenen Bereichen der Physik. Darüber hinaus entwickelte, erprobte und verbesserte er neue Methoden und Apparate.

Unzutreffend wäre die oft geäußerte Behauptung, Röntgens physikalische Arbeit sei nur auf das Ziel der Strahlenforschung und -entdeckung ausgerichtet gewesen. Die Ergebnisse seiner vielseitigen Experimente und deren Niederschlag in seinen Publikationen verlangen auch vom Skeptiker eine uneingeschränkte Anerkennung der wissenschaftlich breiten Interessen des Gelehrten. Sie sind ein Indiz für die Schaffenskraft des noch jungen Professors, der schon in den ersten Jahren seiner Gießener Zeit die Fachwelt durch Veröffentlichungen mit bemerkenswerten Resultaten beeindruckte. So erschien 1881 in den *Annalen* ein Beitrag mit dem seltsam anmutenden Titel *Über Töne, welche durch intermittierende Bestrahlung eines Gases entstehen.*

Wie kam Röntgen auf so ein ausgefallenes Thema? Es waren seine große Vorliebe für das Experimentieren und seine Begegnung mit August Kundt, die ihn verborgenen Kräften und mutmaßlichen Erscheinungen in der Natur nachspüren ließen. Daß er dabei schon in Gießen zum Schrittmacher eines wissenschaftlichen Aufbruchs werden sollte, war ihm erst später bewußt geworden.

*Studien über Gase* hatte er der Universität Zürich als Dissertation eingereicht. Nach zwei Arbeiten zusammen mit Kundt in Straßburg griff er das Thema wieder auf. In seinen Versuchen beleuchtete er ein gasgefülltes, mit Steinsalzplatten – infrarotdurchlässig – abgeschlossenes Glasrohr, an dem ein Manometer angeschlossen war. Angeregt durch eine fast gleichzeitig von Alexander Graham Bell (1847–1922), dessen Name immer mit dem Telephon verbunden bleibt, beobachtete Erscheinung, daß feste Körper bei Beleuchtung mit periodisch unterbrochenem Licht Töne erzeugen, erweiterte Röntgen seine Experimente und ersetzte das Manometer durch einen Schlauch, »der zum Ohr des Beobachters führte und möglichst tief in dasselbe hineingesetzt wurde«, wie er seinen Versuch in den *Annalen* beschrieb. Verwendete man ein geeignetes Gas, so war ein Ton »außerordentlich deutlich vernehmbar und etwa mit dem Sausen eines nicht zu starken Windes zu vergleichen«. Also keinesfalls eine wohltönende Sphärenmusik, aber doch Geräusche, die man nicht erwartet hätte.

Und so entsteht diese physikalische Erscheinung: Ein Gas kann Licht in bestimmten Wellenbereichen absorbieren und diese Strahlungsenergie in Wärmeenergie umwandeln; bei konstantem Volumen steigt mit der Temperatur der Gasdruck, wie es das Gay-Lussacsche Gesetz formuliert. Periodische Einstrahlung des Lichtes verursacht eine periodische Temperaturänderung des Gases und damit des Druckes. Diese Druckschwankungen können durch ein Mikrophon aufgenommen, verstärkt und mit einem Lautsprecher in ein akustisches Signal, in einen Ton, umgewandelt werden. Die Lautstärke ist ein Maß für das Absorptionsvermögen des Gases.

Diese dann weiter verbesserte Untersuchung durch Röntgen führte zur heutigen Spurenanalyse, bei der sich Rückschlüsse auf die chemische Zusammensetzung des Gases ziehen lassen. Das Meßprinzip eignet sich besonders zur Spektroskopie strahlungsloser Übergänge. Auf die praktische Anwendung bei Untersuchungen von Blut, Plasma oder Gewebe kann die Medizin ebensowenig verzichten wie die Biologie bei Pflanzen- und Zellmaterial. Auch in der modernen Umweltforschung dient das Verfahren zur Elementanalyse organischer und anorganischer Proben.

Mit diesen in die Zukunft weisenden experimentellen Ergebnissen schien Röntgen bereits den Kulminationspunkt seiner Laufbahn erreicht zu haben, als ihm 1888 der Abschluß einer Arbeit gelang, die er später in der Rückschau für noch bedeutender erachtete als die Entdeckung der nach ihm benannten Strahlen. Der Münchner Physiker Arnold Sommerfeld stimmte darin überein und war, wie eine Vielzahl von Kollegen, der Ansicht, daß Röntgens Gießener Experimente ebenfalls den Nobelpreis verdient hätten, wenn ihm nicht die Entdeckung der Röntgenstrahlen gelungen wäre. Röntgen hatte das Ergebnis in den Sitzungsberichten der Preußischen Akademie der Wissenschaften unter folgendem Titel veröffentlicht: *Über die durch Bewegung eines im homogenen elektrischen Feld befindlichen Dielektrikums hervorgerufene elektrodynamische Kraft.* Dem Laien sagt eine derart wissenschaftlich verklausulierte Überschrift gar nichts. Die Fachwelt aber war von Röntgens »elektrodynamischer Kraft« elektrisiert. Der französische Mathematiker Henri Poincaré schlug sofort vor, diese Erscheinung »Courant de Roentgen« zu nennen, was dann auch als »Röntgenstrom« in den deutschen Sprachgebrauch Eingang fand. Was war dieser »Röntgenstrom«, der die Naturwissenschaftler solchermaßen faszinierte? Dazu bedarf es eines kurzen Rückblicks.

Das von Maxwell entwickelte System von Gleichungen beschreibt alle elektromagnetischen Wechselwirkungen: Jedes sich zeitlich ändernde elektrische Feld umgibt sich mit einem Magnetfeld, und jedes sich zeitlich ändernde magnetische Feld umgibt sich mit einem elektrischen Feld. Genau 1820 hatten Oersted und Ampère herausgefunden, daß sich jeder stromdurchflossene Leiter mit einem Magnetfeld umgibt. Dann entwickelte Michael Faraday (1791–1867), von erlerntem Beruf eigentlich Buchhändler, neben den Gesetzen der Elektrolyse die Kraftlinien für die elektrischen und mechanischen Felder, wobei ihm aber die letzten mathematischen Voraussetzungen fehlten, um unumstößliche Theorien aufstellen zu können. Er behauptete, daß jedes zeitlich veränderliche Magnetfeld eine elektrische

Spannung induziere. Das notwendige mathematische Gewand schneiderte dann James Clerk Maxwell (1831–1879) zurecht, indem er Faradays Vorstellungen in eine strenge Form brachte und die sogenannte Maxwellsche Feldwirkungstheorie schuf. Sie besagt, daß nicht nur der Leitungsstrom von einem Magnetfeld begleitet wird, sondern auch jede mechanisch bewegte elektrische Ladung. Sein entwickeltes System wurde schon kurz angedeutet. Der Amerikaner Henry Augustus Rowland (1848–1901) wies letztlich nach, daß bewegte Ladungen ein magnetisches Feld erzeugen.

Auf diesen Vorgaben des Elektromagnetismus baute Röntgen auf. In einer Reihe von Versuchsabschnitten konnte er zunächst Maxwell bestätigen. Dann bewies er, daß durch mechanische Bewegungen auch eine Änderung der elektrischen Polarisation erzeugt werden kann. In mühsamen Experimenten an einem Apparat mit Plattenkondensator und zylinderförmigem Magnetometer wies Röntgen nach, daß das magnetische Feld auch bei Stromdurchgängen durch dielektrische Schichten auftritt. Getreu dem Grundsatz seiner Arbeitsweise fertigte er selbst den experimentellen Aufbau an, mit dem er die Existenz des Verschiebungsstromes darstellen konnte.

Von der Veröffentlichung seiner gewonnenen Erkenntnisse schickte Röntgen, wie er seinem Freund Ludwig Zehnder schrieb, Sonderdrucke an einundneunzig Physiker, die er im allgemeinen mit Ergebnissen seiner Arbeit bedachte. Unter den spontanen Reaktionen befand sich auch die Feststellung von Hendrik Antoon Lorentz, einem der bedeutendsten theoretischen Physiker. Er würdigte den entdeckten Effekt sofort mit der Bezeichnung »Röntgenstrom« und fügte hinzu:

»Der totale Strom besteht aus dem Verschiebungsstrom, dem Leitungsstrom, dem Konvektionsstrom und einem vierten Vektor, den wir in Nachfolge von Poincaré den Röntgenstrom nennen können, da die elektromagnetische Wirkung dieses Stromes nur dann vorhanden ist, wenn ein polarisiertes Dielektrikum sich bewegt, wie dies bei einem bekannten Versuch von Röntgen festgestellt worden ist.«

Später wird Lorentz, wie es auch Sommerfeld tat, den »Röntgenstrom« fast ebenso hoch einschätzen wie die Entdeckung der Röntgenstrahlen.

Nachdem dieser Versuch durch den Russen Eichenwald noch erweitert worden war, führen die modernen Lehrbücher der Physik diesen Effekt unter der Bezeichnung »Röntgen-Eichenwald-Versuch«.

Der »Röntgenstrom« wie auch die Vielzahl von Röntgens Versuchsergebnissen in Gießen beeindruckten nur die Fachwelt. Die Öffentlichkeit konnte davon keine Notiz nehmen; denn noch war das wissenschaftliche Geschehen in den Laboratorien und Instituten ein Stiefkind in den Redaktionen der Tageszeitungen. Was hätten auch Journalisten und ihre Leserschaft mit der Kompressibilität von Flüssigkeiten, dünnen kohärenten Ölschichten auf Wasser, Viskositätserscheinungen, Brechungsexponenten der Flüssigkeiten als Funktion des Druckes, dem optoakustischen Effekt oder der Streuung des Sonnenlichtes als Grundlage der modernen Ultramikroskopie anfangen können – waren diese Forschungsergebnisse doch zu wissenschaftlich und für den Laien nicht durchschaubar. Dagegen rückte Röntgen bei seinen jede Veröffentlichung aufmerksam verfolgenden Kollegen in die vorderste Reihe der Experimentalphysiker des neunzehnten Jahrhunderts. Es hätte in der Tat gar nicht der Entdeckung der Röntgenstrahlen bedurft, um ihn einen Spitzenplatz in den Naturwissenschaften einnehmen zu lassen. Die aufsehenerregenden Veröffentlichungen seiner Arbeiten brachten ihm nicht nur ganze Stapel von Briefen der Kollegen ein, sondern auch das Interesse von Universitäten, die ihm den Lehrstuhl für Physik anboten. Jena und Utrecht lehnte er ab, Würzburg aber, obwohl nicht in bester Erinnerung, nahm er an. Wanderschaft und weitere Aufgaben sollten um eine zusätzliche Station bereichert werden, um eine Station, die nicht nur für Röntgens Leben eine Wende bedeutete, sondern die Physik in ein neues Zeitalter führte.

Röntgen und noch weniger die Welt konnten zu dieser Stunde ahnen, welche Folgen diese Entscheidung des Physikers haben würde.

# Eine bahnbrechende Entdeckung
# und ihre Folgen

## Wieder in Würzburg

Am 1. Oktober 1888 folgte Röntgen dem Ruf, in Würzburg Nachfolger von Friedrich Kohlrausch zu werden. Was mag ihn bewogen haben, Jena und Utrecht auszuschlagen und ausgerechnet an diese Universität am Main zu gehen? Wie so oft bei Röntgen kann man auch in diesem Fall nur Vermutungen anführen. Aber sie dürften den Kern seiner Entscheidung sicher nicht voll treffen. Läßt man Jena beiseite, so wird ihn die Erinnerung an das ihm widerfahrene Unrecht in Utrecht kaum bewogen haben, sich in jener Stadt niederzulassen, zumal seine Eltern, die nun in Gießen lebten, keinen besonders engen Kontakt mehr zu Holland pflegten. Die Entscheidung für Würzburg könnte vielleicht damit zu erklären sein, daß er die Nachfolge des berühmten und durch sein Standardwerk in der Physik anerkannten Kohlrausch antreten konnte. Der Gedanke, daß ebendiese Universität ihm fast siebzehn Jahre zuvor die Habilitation verweigert hatte, war sicher von untergeordneter Bedeutung gewesen. Wenn überhaupt, dann nur als gewisse Genugtuung, daß er auch ohne das Abitur in der Wissenschaft bereits einen vorzüglichen Namen besaß. Ein Gewicht sollte man allerdings in die Waagschale der Gedanken Röntgens werfen: Die Würzburger Alma mater war für die Naturwissenschaften bereits eine gute Adresse. Wer hier lehrte und lernte, konnte sich besonderer Qualifikation in seiner Disziplin rühmen.
Was für ein Ort war dieses Würzburg im letzten Viertel des neunzehnten Jahrhunderts? Kulturgeschichtlich hatte es eine reiche Tradition, politisch und wirtschaftlich konnte es nicht aus dem Schatten der Provinz heraustreten. Seit der Vermählung Kaiser Barbarossas mit Beatrix von Burgund, die in Würzburg festlich begangen worden war, durften sich die Würzburger

Bischöfe gleichzeitig weltliche Herren, Herzöge von Franken, nennen. Einer der bedeutendsten Fürstbischöfe, Julius Echter von Mespelbrunn, hatte die 1402 gegründete Universität erneuert und großzügig ausgestattet und mitten in der Stadt das nach ihm benannte Juliusspital erbauen lassen.

Der Franzose René Cruchet, der über die deutschen Universitäten eine Arbeit schrieb, die 1914 in Paris unter dem Titel *Les Universités Allemandes aux XXieme siècle* erschien, behauptet darin, daß Würzburg unter den deutschen Universitäten eine Sonderstellung einnehme. Sie sei beheimatet in einer

»… allzeit toleranten Stadt – trotz der unterschiedlichen Religionszugehörigkeit ihrer Bewohner (sie zählt 60 000 Katholiken bei 15 000 Protestanten und 3000 Juden) … So ist es verständlich, daß zu allen Zeiten die Studenten diese Universität aufgesucht haben, wo das Leben angenehm, die Nahrung reichlich, der Wein überreichlich, die Landschaft malerisch und die Einwohnerschaft herzlich und freundlich war, ohne zu berücksichtigen – wenn man den bösen Zungen glauben will –, daß die Professoren von legendärer Freundlichkeit, sich während der Examina besonders nachsichtig zeigten.«

Nach einem Rückblick auf die Gründung der Universität und die Errichtung des Juliusspitals stellte Cruchet fest, daß Medizin und Naturwissenschaften in Würzburg Vorrang genossen. Bereits 1724 habe das Spital ein »anatomisches Theater« besessen, das lange Zeit als »Wunder« galt. Hier habe dann auch Rudolf Virchow sein berühmtes Buch über die Cellularpathologie geschrieben. Unter anderem nennt Cruchet in seiner Veröffentlichung auch die Einrichtungen am Pleicher Ring:

»Ich begnüge mich damit, auf die interessante Tatsache hinzuweisen, daß im Physikalischen Institut, das an den botanischen Garten angrenzt, Röntgen 1895 seine ersten Arbeiten über die Röntgenstrahlen durchführte und dort bis 1901 (richtig: 1900, Anmerkung des Autors) weiterlehrte.«

Am Ring, einem Grüngürtel über den geschleiften Befestigungsanlagen, der hufeisenförmig die Altstadt heute noch umgibt, war ein neues Institut für Physik gebaut worden. Wie Kohlrausch zitiert wird, war 1879 das neue Institut »an der Ringstraße durch einen Akt unter Beteiligung einer zahlreichen Versammlung eröffnet« worden – am 8. November, auf den Tag genau sechzehn Jahre, bevor in diesem Haus Röntgen die größte physikalische Entdeckung des Jahrhunderts gelang.

Galten Einrichtung und Versorgung im Juliusspital einst als ein »Wunder«, so durfte die Universität sechsundsechzig Jahre nach der Eröffnung des neuen Physikalischen Instituts ein weiteres »Wunder« erleben. Als das inzwischen eine Großstadt gewordene Würzburg am 16. März 1945 durch einen Bombenangriff der britischen Luftwaffe zum »Grab am Main« ausgebrannt und zerstört worden war, hatte das Institut die Schreckensnacht unversehrt überstanden. Dank dieses günstigen Schicksals kann man heute noch in diesem Gebäude, das schon seit Jahren von der Fachhochschule Würzburg–Schweinfurt genutzt und betreut wird, den Spuren und dem Wirken Röntgens folgen.

Über Hörsaal, Laboratorium und weiteren Räumen stand dem Direktor des Instituts im ersten Stock eine Wohnung zur Verfügung. Diese bezog Röntgen mit seiner Frau Bertha. Der Weg zu seinen Arbeitsstätten führte also nur über die Treppe ins Erdgeschoß, und trotzdem schien ihn für Wochen eine Welt von seiner Frau zu trennen, als er im Banne seiner Versuche nicht nur die Mahlzeiten im Labor einnahm, sondern auch sein Bett dort aufstellen ließ, um nahezu rund um die Uhr experimentieren zu können.

Waren allein im Jahr seines Wechsels nach Würzburg vier Arbeiten erschienen, die sich hauptsächlich mit Kompressibilität befaßten und noch aus der Gießener Zeit stammten, so setzte er in seinem neuen Wirkungskreis die ganze Vielseitigkeit seiner Forschungen fort. In rund fünf Jahren, nämlich bis 1893, publizierte er elf Veröffentlichungen als Resultate unermüdlichen Schaffens. Da trat eine Zäsur ein: Röntgen wurde im Alter von achtundvierzig Jahren zum Rector magnificus der Universität gewählt. Auch diese Wahl für das akademische Jahr 1894/95 kann mit Recht als Würdigung seiner Persönlichkeit und seines wissenschaftlichen Rufes bezeichnet werden. Mit der ihm eigenen Gewissenhaftigkeit unterzog er sich den ihn beanspruchenden Aufgaben dieses Amtes.

In seiner Antrittsrede als Rektor, von Otto Glasser überliefert, unterstrich er die Bedeutung physikalischer Versuche:

>Erst allmählich drang die Überzeugung durch, daß das Experiment der mächtigste und zuverlässigste Hebel ist, durch den wir der Natur ihre Geheimnisse ablauschen können, und daß dasselbe die höchste Instanz bilden muß für die Entscheidung der Frage, ob eine Hypothese beizubehalten oder zu verwerfen sei. Die fast immer vorhandene Möglichkeit, die Resultate der Gedankenarbeit mit der Wirklichkeit vergleichen zu können, gibt dem experimentierenden Naturforscher die erforderliche Sicherheit. Stimmt das Resultat nicht mit der Wirklichkeit, so ist dasselbe notwendig falsch, und wenn die Spekulationen, die zu demselben führen, auch noch so geistreich waren.«

Nicht nur als Ordinarius, sondern als gerade gewählter Rektor glaubte er, mit entsprechendem Nachdruck einen Lehrstuhl für theoretische Physik fordern zu müssen. Von einer solchen Professur, die er ja selbst in Straßburg innegehabt hatte, versprach er sich eine Ergänzung und Förderung, eine Befruchtung der in Würzburg traditionsreichen Physik. Dies unterstrich er in seiner Rede vor dem Professorenkollegium, den Honoratioren und Gästen mit der Proklamation:

>Würzburg, das fast allen anderen deutschen Universitäten bei der Pflege der Physik vorangegangen war, ist im Augenblick fast die einzige Universität, an welcher nur *eine* Professur für Physik besteht. Indessen hegen wir die begründete Hoffnung, daß dieser Ausnahmestellung Würzburgs demnächst ein Ende gemacht wird.«

Trotz aller Bemühung, der Forschung und dem Studium der Physik eine weitere Basis zu verschaffen, war es Röntgen nicht

63

vergönnt, die Realisierung seiner Forderung in Würzburg zu erleben. Bei allen Ehrungen und der Zufriedenheit in seinem häuslichen und von Freunden bereicherten Alltag mag in dieser Enttäuschung der Entschluß gelegen haben, Anfang des zwanzigsten Jahrhunderts Würzburg zu verlassen und nach München zu wechseln.

Erst einmal jedoch bedeutete sein Amt als Rektor zusätzliche Belastungen und Pflichten, die seinen Forschungen und Experimenten nicht mehr den gewohnten Stellenwert erlaubten. Doch konnte er bis 1894 immerhin vier Arbeiten veröffentlichen, unter denen die Publikation *Zur Geschichte der Physik an der Universität Würzburg* aus dem Rahmen seiner sonstigen Themen fiel. Und dies hatte seinen besonderen Grund: Anläßlich des Stiftungsfestes der Alma mater im Januar 1894 hatte er als Rektor die Festrede zu halten und sich deshalb auf die Spuren der Historie begeben.

Die Physik in der Stadt am Main begann, so Röntgen, mit Pater Caspar Schott, der ein Schüler des Jesuiten Athanasius Kircher (1601–1680) war, und dessen Buch *Mechanica Hydraulica und Pneumatica* (1657). Darin war im Anhang davon die Rede, wie der Magdeburger Bürgermeister Otto von Guericke mit der Vorführung seiner Konstruktion einer Luftpumpe auf dem Reichstag zu Regensburg (1654) alle Anwesenden, vom Kaiser bis zum letzten Ritter, in Verwunderung versetzt hatte. Jener Pater Schott war Beichtvater des Fürstbischofs Johann Philipp von Schönborn, der zugleich Erzbischof von Mainz, Fürstbischof von Worms und Kurfürst und Erzkanzler des Reiches war und als solcher maßgeblichen deutschen Anteil am Zustandekommen des Westfälischen Friedens hatte. Was nun der Pater seinem »Beichtkind« erzählte, war so eindrucksvoll, daß der Fürstbischof keine Kosten scheute, dem Magdeburger Erfinder jenes wundersame Instrument abzukaufen. Röntgen würdigte in seiner Rede den geistlichen Herrn mit den Worten:

»Der Fürstbischof, einer der intelligentesten und rührigsten Fürsten der Zeit, hat gleich die ganze Sammlung von Apparaten gekauft und nach Würzburg schaffen lassen.«

Diese Sammlung wurde noch erweitert und im damaligen fürst-bischöflichen Schloß, der heutigen Festung Marienberg, unter-gebracht. Die Begeisterung des Paters wird mit den Worten zitiert, daß er nicht glaube, »daß die Sonne jemals etwas Ähnli-ches, geschweige denn Wunderbareres seit Erschaffung der Welt beschienen habe«.

Die Geschichte der Physik an der Universität Würzburg, von Röntgen veröffentlicht, sollte ein Jahr später durch ihn selbst um das glanzvollste wissenschaftliche Kapitel erweitert wer-den.

## Faszination Gasentladungen

Die Entdeckung des 8. November 1895 wäre wohl kaum mög-lich gewesen, hätte Röntgen nicht auf vorhandene physikalisch-technische Apparaturen zurückgreifen können, hätten nicht andere Physiker, darunter auch ein Laie, ein reiner Handwerker, wichtige Bausteine vorbereitet. In Paris hatte sich der aus Han-nover stammende Heinrich Daniel Rühmkorff niedergelassen. Seine rein handwerkliche Tätigkeit füllte ihn nicht aus, und so bastelte und experimentierte er. 1851 erfand er den Funkenin-duktor, einen Apparat hoher elektrischer Spannung. Zur glei-chen Zeit wie Rühmkorff arbeiteten an der 1818 gegründeten Friedrich-Wilhelms-Universität Bonn der Physiker Julius Plücker und ein thüringischer Glasbläser, Heinrich Geißler, der bald zu hohem Ansehen gelangte. Er entwickelte gasgefüllte Glasröhren, die sich durch eine Reibungselektrisiermaschine in magische Lichter verwandelten und zu begehrten Geschenkar-tikeln jener Zeit wurden. Luft- oder Kolbenpumpe, wie sie schon Guericke verwendete, diente in verbessertem Zustand zur Evakuierung bei der Herstellung dieser anfänglichen Spiel-zeuge. Bald wurden die nach Geißler benannten Röhren jedoch für technische Zwecke verwendet und fanden rasch interessier-te Abnehmer unter den Physikern. Mit evakuierten Geißler-schen Röhren wurde der Weg für die Strahlenforschung frei.

Wie auf einer Perlenschnur reihen sich die Namen und Arbeiten großer Männer, deren Experimente und Erkenntnisse letztlich Röntgen zugute kamen. Sie befaßten sich mit den verschiedenen physikalischen Erscheinungen, die – abhängig vom Gasdruck – beim Stromdurchgang in Geißlerschen Röhren auftreten. Gasentladungen wurde das neue physikalische Forschungsgebiet genannt, mit dem Julius Plücker, sein Schüler, der Münsteraner Johann Wilhelm Hittorf, der Physiker an der Berliner Sternwarte Eugen Goldstein und schließlich der englische Chemiker William Crookes beschäftigt waren. Letzterer arbeitete mit einer Röhre, die eigentlich schon eine Röntgenröhre darstellte, von ihm aber in ihrer späteren Wirkung nicht erkannt worden war. *Strahlende Materie* war einer von Crookes' in der britischen Gesellschaft vielbeachteten Vorträgen. Aus seinen Versuchen gewann und verbreitete er die Ansicht und schließlich seine persönlich feste Überzeugung, mit Geistern und überirdischen Wesen Kontakt aufnehmen zu können. Gerade in England, wo die Lords und Earls erst dann volle Anerkennung genossen, wenn sie in ihren Schlössern recht aktive Gespenster nachweisen konnten, brachte der Spuk-Spiritismus dem Chemiker Crookes einen zusätzlichen, geheimnisumwitterten Ruf ein.

Nichtsdestoweniger bewirkten Crookes' Forschungen mit Kathodenstrahlen, die bei der Gasentladung entstehen, und seine Hypothese von der Teilchennatur dieser Strahlen, besonders nach der Publikation in deutscher Sprache, eine neue Welle von Untersuchungen durch die Physiker. Selbstverständlich gehörte auch Röntgen zu diesem Kreis. Weitere Beobachtungen zu den Kathodenstrahlen trug Philipp Lenard (1862–1947) bei, die dieser in dem Artikel *Über Kathodenstrahlen in Gasen von atmosphärischem Druck und im äußeren Vakuum* in den *Annalen* des Jahres 1893 veröffentlichte.

Wie eine nicht geringe Zahl von Forschern und Entdeckern des neunzehnten Jahrhunderts war auch Lenard zunächst ein anderes Berufsziel vorbestimmt, nämlich das Geschäft seines Vaters, eines Budapester Sektherstellers und Weinhändlers, zu übernehmen. Doch verzichtete er auf diese Chance einer gesicherten

*In diesem Haus am Gänsemarkt in Remscheid-Lennep wurde Wilhelm Conrad Röntgen vor 150 Jahren geboren. Heute beherbergt es die umfangreiche Bibliothek zum Thema Entdeckung und Entwicklung der Röntgenstrahlen.*
*(Foto: Kleinhempel)*

*Von seinen Vorfahren erbte Röntgen die Liebe zur Kunst und zur Technik. In seinem »Wilhelm Meister« pries Goethe den Schreibtisch – »Zylinderbureau« – aus der Neuwieder Werkstatt von David Roentgen (um 1775). (Bayerisches Nationalmuseum)*

*Abitur und Studium waren Röntgen in Holland versagt. An der Universität Zürich konnte er schließlich studieren. Mit »Sudien über Gase« wurde er zum Doktor der Philosophie promoviert.*

Studien über Gase.

INAUGURAL-DISSERTATION

zur

Erlangung der Doctorwürde

vorgelegt

der hohen philosophischen Facultät

der

UNIVERSITÄT ZÜRICH

von

WILHELM RÖNTGEN
von Apeldoorn (Holland).

Zürich,
Druck von Zürcher und Furrer.
1869.

*Die Alte Universität Würzburg, heute Bibliothek, in der Röntgen als Assistent 1870 ein physikalisches »Kabinett« bezog (Merian Kupferstich).*

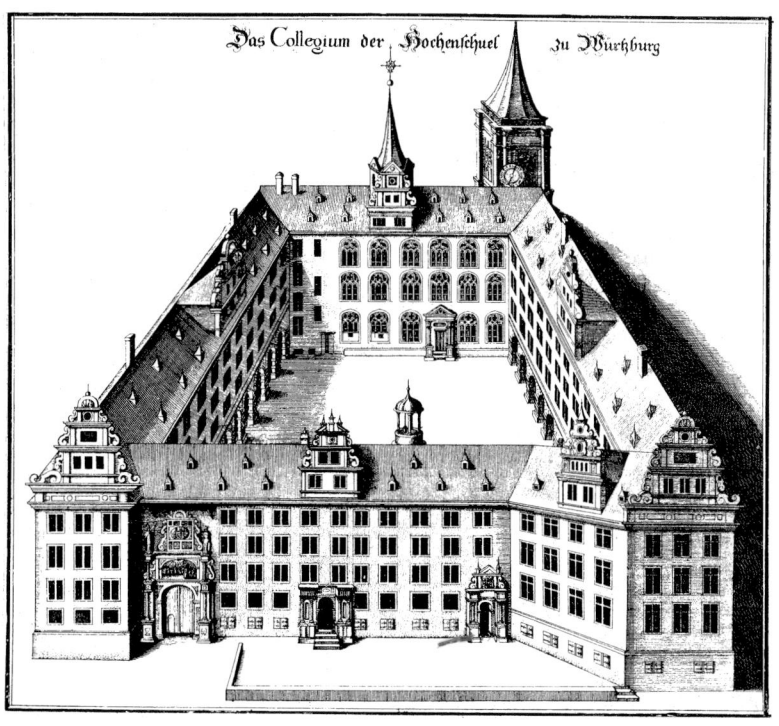

Das Collegium der Hochenschuel zu Wurtzburg

*Mit dieser einfachen Apparatur – Original im Deutschen Museum in München – entdeckte Röntgen am 8. November 1895 die dann nach ihm benannten Strahlen.*　　　　　　　　　　　　　　*(Foto: Süddeutscher Verlag)*

Existenz und studierte zuerst in Budapest und dann in Heidelberg Physik. Sein Studium schloß er mit der Promotion ab. Als der Physiker Heinrich Hertz (1857–1894) im Jahr 1888 dem Ruf nach Bonn folgte, nahm er Lenard als Assistenten mit. Dort beschäftigte er sich intensiv mit Kathodenstrahlen, unter anderem mit der Beobachtung von Hertz, daß dünnste Metallfolien von diesen Strahlen durchdrungen würden. 1892 konstruierte Lenard daraufhin sein in der Physik unter seinem Namen bekanntgewordenes »Fenster« aus Aluminiumfolie, durch das die Kathodenstrahlen ins Freie gelangten und durch die Gasentladung photographisch und auch elektrisch untersucht werden konnten. Vier Jahre nach Röntgen sollte Lenard dafür den Nobelpreis erhalten.

Die Publikationen Lenards und die darin enthaltenen Details seiner Experimente fanden sofort das Interesse Röntgens. Um selbst in dieser Richtung tätig werden zu können, bestellte er bei dem Braunschweiger Glastechniker Müller-Unkel, zu dessen Kunden nahezu alle Laboratorien zählten, einen Entladungsapparat. Außerdem schrieb er am 4. Mai 1894 dem Privatdozenten Philipp Lenard:

»Sehr geehrter Herr Doctor! Ich möchte gerne Ihre wichtigen Versuche über Kathodenstrahlen in der freien Atmosphäre etc. sehen und habe mir dabei bei Müller-Unkel einen ›bewährten‹ Entladungsapparat bestellt. Für den Bezug der Fensterblättchen fehlt mir aber eine zuverlässige Quelle. Vielleicht haben Sie die Freundlichkeit, mir eine solche per Postkarte anzugeben. Hochachtungsvoll Ihr ergebener gez. Dr. W. C. Röntgen.«

Wie zuverlässig und schnell die Beförderung durch die Reichspost bereits vor hundert Jahren war, beweist die Antwort Lenards, die Röntgen schon drei Tage danach in Händen hielt:

»Hochgeehrter Herr Professor! Die Bezugsquelle für dünne Aluminiumfolie ist auch für mich immer eine Schwierigkeit gewesen, denn die Fabrikanten geben nicht gern ungewöhnliche Dicken ab, oder verwenden doch wenig Sorgfalt auf kleine Partien, so daß die Blätter löchrig ausfallen. Es mangelt mir gegenwärtig auch an einer Bezugsquelle. Ich erlaube mir daher, Ihnen zwei Blätter aus meinem kleinen Vorrat zu übersenden. Die Dicke beträgt etwa 0,005 mm.«

Im damals modernen, erst fünfzehn Jahre alten Würzburger Institut wurden Röhre, Apparate und Hilfsmittel nach Röntgens Anweisung und auch von ihm selbst aufgebaut. Töne durch Gase und besonders der »Röntgenstrom« waren bislang die herausragenden und die Physiker beeindruckenden Resultate seiner Experimente gewesen. Die Möglichkeit, weiter experimentieren zu können, bot sich nun mit der Kathodenstrahlröhre, dem Induktor und dem Entladungsapparat. Von Vorteil war darüber hinaus, daß er von seiner Wohnung aus in einer Minute sein Laboratorium erreichen konnte – immer dann, wenn es ihm notwendig erschien, einen plötzlich aufkommenden Gedanken durch einen Versuch zu ergänzen oder nachzuweisen.

Ohne mit der Vorstellung zu spielen, daß seine Tätigkeit zu einer epochemachenden Entdeckung führen könnte, war Röntgen dazu bereits auf dem besten Weg. Es ist nicht bekannt, ob er zu jenem Zeitpunkt, Mitte 1894, schon die Ablenkung der Kathodenstrahlen festgestellt hat. Auch ließ ihm die letzte Zeit seines Rektoratsamtes nicht den notwendigen Spielraum, seinen Forschungen die erforderliche Aufmerksamkeit zu widmen. Dies sollte sich ändern, als seine Amtszeit abgelaufen war und er wieder uneingeschränkt seinen Untersuchungen nachgehen konnte. Röntgen war von der Entdeckung der Kathodenstrahlen gefesselt – auch deshalb, weil er die Überzeugung gewonnen hatte, daß den Physikerkollegen bei ihren Erkenntnissen noch manches verborgen geblieben sein mußte. Darin sah er keinen Vorwurf, sondern einen Anreiz, alle Möglichkeiten des Experimentierens auszuschöpfen.

# Die Nacht der Strahlen

Die festlichen und ausgelassenen Bälle der Silvesternacht und die ersten Tage des neuen Jahres gehörten bereits der Vergangenheit an. Der Alltag verlangte wieder sein Recht. In Straßburg, Berlin, Wien und anderen Universitätsstädten fanden die Physikprofessoren in ihren Briefkästen eine Sendung vor, die schon äußerlich nicht den Eindruck erweckte, die üblichen Wünsche zum neuen Jahr zu enthalten.

»Der Röntgen war doch immer ein vernünftiger Mensch.«

»Denn wahrlich beim Lesen ... konnte ich mich des Gedankens nicht erwehren, ein Märchen vernommen zu haben, wenn auch der Name des Autors und dessen stichhaltige Beweise mich von diesem Wahne schnell genug befreiten.«

Den ersten hier zitierten Satz sprach der Straßburger Physiker Ferdinand Braun, den zweiten der Berliner Professor Otto Lummer. Beide, wie auch andere Kollegen, hatten den an sie adressierten, am 1. Januar 1896 von der Post in Würzburg abgestempelten Umschlag geöffnet, daraus einen Sonderdruck der Sitzungsberichte der Würzburger Physikalisch-Medicinischen Gesellschaft entnommen und einen elfseitigen Artikel *Über eine neue Art von Strahlen von W. C. Röntgen (vorläufige Mittheilung)* gelesen, ein-, zwei- und auch dreimal gelesen. Wie das Feuerwerk der Neujahrsnacht brach es über sie herein. Denn der Text war für einen Wissenschaftler vom Fach aufwühlend, explosiv, wenn nicht gar gewagt und revolutionär. Das geschriebene Wort unterstützte eine Photographie von einer scheinbar skelettierten Hand – bestürzend und erregend für die Akteure der physikalischen Szenerie ihrer Zeit. Eine weitere Aufnahme zeichnete dunkle Gewichte im Inneren eines Holzkastens ab. Das Jahr 1896 schien mit einem Spukwerk beginnen zu wollen. Die Reaktion aller einundneunzig Empfänger reichte von Faszination über Zweifel an der Vernunft Röntgens bis an die Grenze des Unwahrscheinlichen und Unvorstellbaren. Sie hielten ein unscheinbares, kleines, völlig sachlich formuliertes Druckwerk in den Händen, dessen Inhalt aber, was in jenen Augenblicken noch niemand abschätzen konnte, ein nicht bezahlbares »Wertpapier« darstellen sollte.

Schier Unglaubliches offenbarte dieses »Wertpapier« in siebzehn kurzen und sachlichen Abschnitten: die Entdeckung der X-Strahlen. Und doch belegt jeder Satz eine gewissenhafte Handhabung des Themas, der Vorarbeiten anderer Physiker und deren Auswertung, des Denkens und Erdenkens, des Vergleichens und Erkennens, des Suchens und des Findens. Ohne eine Spur berechtigten Stolzes, nicht in der ersten Person, sondern in der neutralen Form man geschrieben, als habe sich irgend jemand damit beschäftigt, ist der Wortlaut des Punktes eins der ersten *Mittheilung* als Klassiker in die Geschichte der Physik eingegangen:

»1. Lässt man durch eine Hittorf'sche Vacuumröhre, oder einen genügend evacuirten Lenard'schen, Crookes'schen oder ähnlichen Apparat die Entladungen eines größeren Ruhmkorff gehen und bedeckt die Röhre mit einem ziemlich eng anliegenden Mantel aus dünnem, schwarzem Carton, so sieht man in dem vollständig verdunkelten Zimmer einen in die Nähe des Apparates gebrachten, mit Baryumplatincyanür angestrichenen Papierschirm bei jeder Entladung hell aufleuchten, fluoresciren, gleichgültig ob die angestrichene oder die andere Seite des Schirmes dem Entladungsapparat zugewendet ist. Die Fluorescenz ist noch in 2 m Entfernung vom Apparat bemerkbar.

Man überzeugt sich leicht, daß die Ursache der Fluorescenz vom Entladungsapparat und von keiner anderen Stelle der Leitung ausgeht.«*

---

*Auf insgesamt siebenunddreißig Seiten haben die Herausgeber der *Annalen der Physik und Chemie* die drei Veröffentlichungen Röntgens zu den X-Strahlen zusammengefaßt.

Wenige Tage bevor der Sonderdruck der Post zur Beförderung übergeben worden war, hatte Röntgen am 28. Dezember 1895 das handschriftliche Manuskript dem Vorsitzenden der Physikalisch-Medicinischen Gesellschaft, Professor Lehmann, ausgehändigt, der es sofort der Druckerei übergab, um es der bereits abgeschlossenen Ausgabe der Sitzungsberichte noch anfügen zu lassen. Heimgekehrt von Lehmann, sagte Röntgen, sich der Turbulenz der nächsten Zeit bewußt, zu seiner Frau: »So, nun kann der Teufel losgehen!« – Und der Teufel ging mit allem nur erdenklichen Wirbel los.

Was da kurz vor Jahresschluß die Druckerei ausgeliefert hatte, was die bekannten Kollegen zum Lesen und Betrachten bekommen hatten, war keine Unvernunft Röntgens, keine freundliche Plauderei eines Märchenonkels und kein Teufelswerk. Was in einfachen Worten auf ein paar Seiten die Fachwelt und schon einige Tage später Millionen Menschen verblüffen sollte, war vielmehr das Ergebnis gewissenhafter Forschungsarbeit.

Die meisten Forscher vergangener Jahrhunderte arbeiteten einsam, wollten einsam sein und waren auch einsam. Besonders wenn ihnen ihr Schaffen mehr als Ruhm, Beifall der Menschheit und Gewinn bedeutete. Sie lebten oft auf Distanz zum Weltgeschehen, solange es sie nicht beeinträchtigte. In solcher Einsamkeit wirkt der Geist, entschlüsselt Rätsel, schenkt der Menschheit neue Ideen, Erkenntnisse und Fortschritte.

Auch Röntgen arbeitet einsam, forscht, um jede Störung zu vermeiden, hinter verschlossener Tür. In seinem Laboratorium ist er nicht der Wissen vermittelnde Lehrstuhlinhaber, sondern ein Suchender. Wahrscheinlich kennt er nicht das Wort des in seinem Geburtsjahr gestorbenen Hölderlin: »Wir sind nichts; was wir suchen ist alles«, doch handelt er so. Er sucht nicht »seine« Strahlen; denn noch weiß er nichts von ihnen. Er experimentiert noch ohne ein festes Ziel. Er will ganz einfach mit Kathoden, mit Vakuumröhren, Bleisammler, Deprez-Unterbrecher zur Erzeugung eines pulsierenden Gleichstroms, einem Funkeninduktor und einer Evakuierungspumpe fluoreszierendes Licht untersuchen. Er suchte und versuchte, den Charakter der Kathodenstrahlen zu deuten.

71

Es ist ein Freitag, der späte Abend des 8. November 1895. Im westlichen Eckzimmer des Physikalischen Institutes brennt, wie schon seit Wochen, das Licht. Immer wieder wird es ausgeschaltet. Schwere Vorhänge lassen dann auch von draußen keinen Schein in das Labor dringen, in dem der Professor für Physik arbeitet. Der Gedanke, daß mit Kathodenstrahlen und den vorhandenen Geräten mehr als bisher zu erforschen ist, läßt ihm keine Ruhe.

Wenn auch Wochen danach von Röntgen sachlich und ohne einen Hauch von Emotionen geschildert, so ist der Vorgang, gerade in der Einsamkeit des Gelehrten, dramatisch. Noch nach einem Jahrhundert hält man den Atem an, wenn man sich in jenen Augenblick der Entdeckung versetzen kann.

In einem Dreibein steht aufrecht die Hittorf-Crookessche Röhre, daneben der Funkeninduktor, die Evakuierungsluftpumpe und der Lenardsche Entladungsapparat. Röntgen stülpt einen Pappkarton über die Röhre, um sich von deren Lichtundurchlässigkeit zu überzeugen. Ein mit Bariumplatinzyanürpapier beschichteter Schirm, der für einen anderen Versuch vorgesehen war, lag daneben auf dem Tisch.

Nach dem Einschalten des Funkeninduktors fällt sein Blick auf den Schirm. Röntgen ist verwundert; denn die fluoreszierende Schicht des Schirmes leuchtet mit einem grünlichen Licht auf. Auch ein dunkler Streifen zieht sich darüber hinweg. Röntgen schickt erneut Strom durch die Röhre, immer wieder. Der Schirm leuchtet jedesmal auf. Stets die gleiche Erscheinung. Also, folgert er, durchdringen die Strahlen nicht nur das Glas der Röhre, sondern auch den Pappkarton. Strahlen, unsichtbare, geheimnisvolle, bis zu dieser nächtlichen Stunde unbekannte und noch nie gesehene oder wahrgenommene Strahlen.

Es wird eine lange Nacht. Röntgen spürt keine Müdigkeit, kein Schlafbedürfnis, auch keinen Hunger und Durst. Er hört nicht vom nahen Hauptbahnhof die grellen Pfiffe und den kreischenden Dampf aus den Überdruckventilen der Lokomotiven. Er schaut nicht auf die Zeiger der Uhr, die längst schon über Mitternacht hinausgerückt sind. Immer wieder greift er zum Stromschalter, immer wieder starrt er auf den Schirm, ist von dem Anblick fasziniert, der von Strahlen herrühren muß, von rätselhaften, über die noch kein Wort gelehrt oder geschrieben worden ist, deren Erzeugung und Vorhandensein aber Realität sind.

»Ich fand durch Zufall ...«, wird er Wochen darauf einem Auditorium berichten. Gewiß, der Blick auf den bestrahlten Schirm war Zufall, kein bewußtes Suchen. Doch wäre es mit Sicherheit so oder so auch an einem anderen Abend geschehen. Der Weg der Entdeckung war schon lange vorbereitet gewesen. Es hatte nur noch der letzten Schritte bedurft. Die weiteren Schritte mußten aber mit aller Sorgfalt getan werden.

Sachlichkeit und Genauigkeit waren stets und sind nun erst recht Röntgens Prinzip, sind für ihn Grundsatz aller wissenschaftlichen Arbeit. Die ersten Wahrnehmungen und die ersten Notizen genügen ihm nicht. Noch ist er weit davon entfernt, aus den Beobachtungen Schlüsse zu ziehen oder gar zu verkünden. Die Unruhe des Geistes läßt ihn vergessen oder zumindest nicht berücksichtigen, daß in der Wohnung über dem Laboratorium an Berthas Seite sein Zuhause ist. Um das Unwahrscheinliche nicht nur wahrscheinlich, sondern Wirklichkeit werden zu lassen, verläßt er seine Apparaturen nicht, schläft im Labor, läßt sich die Mahlzeiten an seine Experimentiertische bringen. Keine Minute der Abwesenheit will er sich erlauben, will prüfen, vergleichen, will durch eine Vielzahl von Versuchen unumstößliche Sicherheit gewinnen. Und für diese Sicherheit wird er Wochen hindurch tätig sein müssen.

Wo Licht ist, muß auch Schatten sein, denkt er. Er will den Schatten mit seiner Hand sichtbar machen, hält sie zwischen den Karton und den Schirm – und starrt eine unglaubliche Erscheinung an, als habe ihn ein Spuk genarrt. Ist es eine Sinnestäuschung? Haben ihm seine sowieso schon geschwächten Augen, nun von vielen Versuchsnächten noch mehr strapaziert, einen Streich gespielt? Er glaubt auf dem Schirm ein Skelett gesehen zu haben, den gespensterhaften Schatten seiner eigenen Hand. Erschrecken, Verwunderung – was ist das? Zögern für Momente, dann streckt er seine Hand wieder aus, und erneut, diesmal länger als nur einen Augenblick, zeigt ihm das geisterhafte Bild die dunklen Knochen seiner Hand, von den Wurzeln bis zu den Fingerspitzen. Um sie herum bilden Fleisch und Haut einen dünnen grauen Schatten.

Wilhelm Conrad Röntgen, Professor an der Universität Würzburg und Direktor des Physikalischen Instituts, ist der erste Mensch, der durch die Schutzhülle der Haut in das Innere des Körpers eines lebenden Wesens blicken kann. Margret Boveri, die dem Ehepaar Röntgen sehr nahestand, Autorin des Röntgen-Artikels im vierten Band der *Großen Deutschen,* schreibt:

»Die uralten Träume ... vom mathematischen Kreisen der Gestirne, vom Flug durch die Lüfte, vom atomaren Aufbau der Materie – sind im Laufe der Jahrhunderte durch die Naturwissenschaften und ihre Anwendung in der Technik exakt beweisbar erfüllt und bestätigt worden. Nur ein Traum ist in unseren Breiten nicht vorgeträumt worden: die Idee, den Menschen durchsichtig zu machen. Die Ansätze zu ihrer Verwirklichung – von innen mit der Entdeckung des Unbewußten, von außen mit dem Finden einer durchleuchtenden Strahlkraft – haben sich in den neunziger Jahren des vorigen Jahrhunderts ohne planende Absicht ergeben. Und doch muß in ihr auch eine Ur-Sehnsucht des Menschen gelegen haben. Denn fern aller bekannten Welt, bei den Ureinwohnern Australiens, die noch im Steinzeitalter lebten, ist sie ein erstes Mal gestaltet worden. Die Menschen und Känguruhs und Schildkröten, die sie auf Felsen und Baumrinde gezeichnet haben, zeigen in einem alles: das Außen und das Innen, den Umriß ebenso wie die Knochen und Eingeweide. Die registrierende Wissenschaft hat denn auch – den Weg diesmal rückwärts laufend – das, was im Zeichen des Fortschritts gelungen war, auf die Urzeit zurückprojiziert – diese Malereien ›Röntgenstrahlenkunst‹ genannt.

Der Physiker Wilhelm Conrad Röntgen wußte davon nichts. Er arbeitete in der großen Epoche, in der der Zufall und der Einfall noch so viel bewirkten, in der das Experiment insofern über das Denken gesiegt hatte, als es nicht mehr wie im Mittelalter nur als Beleg für das Vorgedachte diente, sondern dem Denken wegweisend voranging.«

Der einsame Gelehrte Röntgen treibt sich selber voran, experimentiert den ganzen November und den größten Teil des Dezember hindurch. Er überstürzt nichts. Er hütet sein Geheimnis, weil er noch immer nicht an dessen Vollkommenheit glaubt. Dies läßt er seinen Freund, den Zoologen Theodor Boveri, wissen. Aber auch da geht er nicht über eine Andeutung hinaus:

»Ich habe etwas Interessantes entdeckt; aber ich weiß nicht, ob meine Beobachtungen korrekt sind.«

Bertha ist verständlicherweise unruhig; hinzu kommt ihre Sorge um sein persönliches Wohlergehen, bekommt sie ihn doch nur noch sporadisch zu Gesicht und dann nur in einem Zustand weit entfernter Gedanken. Ihrem langen Drängen, ihren wieder und wieder gestellten Fragen kann er nicht mehr ausweichen. Und doch bleibt seine erste Antwort ebenso verschlüsselt wie sein Tun:

»Ich mache etwas, von dem die Leute sagen werden: Der Röntgen ist verrückt geworden.«

Aber Röntgen ist nicht verrückt. Er weiß nun mit aller Bestimmtheit und auf der Grundlage der Ergebnisse nächtelanger Versuche, was er herausgefunden hat: Strahlen, die Körper durchdringen und im Bild festgehalten werden können. Nach der »Durchleuchtung« seiner Hand nahm er sich leblose Materialien vor. Durch verschlossene Holzkästchen hindurch photographierte er darin befindliche Eisengewichte, die als dunkle Flecken zu erkennen waren. Auch eine solche Aufnahme wird er am Neujahrstag seinem Manuskript beifügen. Er schickt die Strahlen durch die Tür seines Labors und hält den Vorgang im Bild fest. Sechs Wochen lang lebt er inmitten seiner Röhren, Apparate und mit der schon nicht mehr zu entbehrenden Plattenkamera. Dann endlich, am 22. Dezember, entschließt er sich,

erstmals einen anderen Menschen nicht nur einzuweihen, sondern zugleich als Demonstrationsobjekt, als Assistenten und
Zeugen daran teilhaben zu lassen, daß sein Wort vom »verrück-
ten Röntgen« eine nicht unberechtigte Ahnung des Kommenden war. Er nimmt seine Berthel, wie er sie liebevoll zu nennen
pflegt, mit nach unten ins Laboratorium, in das bis dahin her-
metisch verriegelte Heiligtum des Hauses, legt ihre Hand auf
die Platte, schaltet den Strom ein und macht eine photographische Aufnahme. Nun sind ihre bohrenden Fragen beantwortet;
denn auch dieses Bild zeigt scharf das »Innenleben« der Hand
seiner Frau. Diese erste bewußt mit X-Strahlen durchgeführte
Zentralprojektion eines menschlichen Körperteils mit dem
scheinbar frei um den Knochen des Fingers schwebenden Ring
sollte schon bald eine Weltsensation werden.

In der Mathematik ist X die Unbekannte. Unbekannt waren und
blieben Röntgen auch weiterhin die Strahlen und ihr Wesen, die
sich durch den Vorgang des Experimentes erzeugen, aber
anders als Licht oder Wärme nicht erkennen ließen. Mit der
Unbekannten X schickte er sie auf den Weg zu seinen Kollegen.
Sie sollten als X-rays und rayons X in der englischen und französischen Sprache ihren »Taufnamen« beibehalten.


## Der Teufel ist los

Würzburg in den ersten Wochen des Jahres 1896: Weder als
fürstbischöfliche Residenzstadt, in der es sich unter dem
»Krummstab« nicht schlecht leben ließ, noch dann als Sitz der
von Bayerns Gnaden angeordneten Regierung von Unterfran-
ken und Aschaffenburg genoß der Name Würzburg den Ruf
anderer, durch Größe und politisches Geschehen bevorzugter
Städte des Deutschen Reiches, und keinem Lehrer in Mecklen-
burg oder Schlesien wäre eingefallen, die Stadt am Main zum
Inhalt einer Unterrichtsstunde zu machen.

Ein bis nach Thüringen hinein reichendes Bistum, die Universität mit ihren Instituten, mehrere aus dem ganzen Umland be-

suchte höhere Lehranstalten, ein Eisenbahnknotenpunkt und eine große Garnison, aber keine aufragenden Kamine einer Industrie prägten das Bild eines soliden, bürgerlichen Würzburgs. Nur den Vorort Zell kannte die Fachwelt. Auch dort ist das Jahr 1895 zu einem Markstein geworden, als die Firma König & Bauer für die »Leipziger Neuesten Nachrichten« die erste moderne Zwillingsrotationsmaschine auslieferte. Was sonst die Umgebung zu bieten hatte, zeigte in der »Frankenhalle«, dem aufgelassenen Kopfbahnhof, die Landwirtschaft mit ihren Produkten und Zuchtergebnissen. In deren unmittelbarer Nachbarschaft besuchte man gerne das schmucke Rokokotheater, in dem aber keine Opernpremieren glänzten, etwa die jüngste Komposition »Hänsel und Gretel« von Engelbert Humperdinck, sondern »brave« Klassiker, so Schillers »Jungfrau von Orleans«, über die Bühne gingen. In der Tat, Würzburg bot keine Superlative, keine explosiven Sensationen. Selbst wenn der Teufel hier plötzlich zu rumoren begann, mußte er sich einen weiten Umweg, nämlich über die ferne Kaiserstadt Wien suchen.

Unter den Empfängern von Röntgens Mitteilung über die Entdeckung der X-Strahlen befand sich der Wiener Universitätsprofessor Franz Serafin Exner. Ihm war Röntgen besonders verbunden, hatten sie doch gemeinsam studiert und unter Kundt in Zürich und Straßburg als Assistenten die ersten wichtigen Schritte in der Wissenschaft getan. Exner, Sproß einer angesehenen und geadelten Wiener Familie, war einundvierzig Jahre lang Lehrstuhlinhaber an der Universität der österreichischen Hauptstadt und bald als Begründer der Erforschung der Luftelektrizität bekannt. Außerdem beschäftigte er sich mit elektrochemischen Arbeiten auf dem Gebiet der Spektralanalyse und der Helmholtzschen Farbentheorie.

Mittelbar sollte dieser Studien- und Assistentenkollege zum Auslöser einer nicht mehr zu bremsenden Pressekampagne werden. Im Reich des »Walzerkönigs« Johann Strauß, dessen »Fledermaus«, »Zigeunerbaron« oder »Eine Nacht in Venedig« die Menschen in den Theatern und Ballsälen begeisterten, wurde indes nicht nur gejubelt und getanzt, sondern auch wissenschaftlich gearbeitet. Außerhalb der Hörsäle und Institute lag Exner viel daran, mit Kollegen zu diskutieren, Gedanken auszutauschen und Anregungen zu empfangen. Wie andere den Stammtisch und Zusammenkünfte pflegten, so traf sich Exner regelmäßig mit Kollegen und Bekannten zu Fachsimpeleien oder Unterhaltung in lockerer Atmosphäre.

Am ersten Wochenende des Jahres 1896 kam die Diskussionsrunde wieder zusammen. Exner hatte gerade Röntgens Sonderdruck erhalten. Von der Lektüre aufgewühlt, nahm er Text und Aufnahmen mit zu seinen ständigen Gesprächspartnern. Nach einer kurzen Information ließ er das von Röntgen übersandte Material von Hand zu Hand gehen. Der ersten Überraschung und dem zunächst sprachlosen Staunen folgte schnell ein lebhafter und sich immer mehr steigernder Meinungsaustausch. Aufregung, Fragen und Begutachtung wechselten sich ab. Schließlich wurden bereits phantastische Prognosen aufgestellt, was mit diesen Strahlen alles unternommen werden könnte.

Als sich die Teilnehmer der Runde trotz aller Begeisterung über das Thema zum Aufbruch entschieden hatten, bat der aus Prag stammende Professor Ernst Lecher den Kollegen Exner, ihm für kurze Zeit das Röntgen-Material zur Verügung zu stellen. Dies geschah, und Lecher eilte geradewegs zu seinem Vater, der als Redakteur bei der traditionsreichen, aber nicht gerade auflagenstarken »Presse« tätig war. Röntgens Aufnahmen und ein paar erläuternde Sätze ließen den alten Zeitungsfuchs aufhorchen und hellwach werden, erst recht nachdem ihm sein Sohn in Stichworten das Resümee der abendlichen Gesprächsrunde mit den verschiedenen Gesichtspunkten auseinandergesetzt hatte. Mit der Spürnase des routinierten Journalisten witterte Lecher senior eine Aktualität ersten Ranges. Schon sah er im Geist Aufmacher und Schlagzeilen seines Blattes. Aus dem Sonderdruck mußte ihm sein Sohn auf der Stelle die wichtigsten Punkte zu einem Artikel für die nächste Morgenausgabe zusammenfassen und durch einige aussagekräftige Kommentare aus der Diskussionsrunde untermauern. So konnte die »Presse« in ihrer Sonntagsausgabe vom 5. Januar 1896 als erstes Publikationsorgan der Welt über *Eine sensationelle Entdeckung* berichten.

Bei dem nicht sonderlich großen Leserkreis der Wiener »Presse«

wäre der Bericht wahrscheinlich kaum über die Grenze der Kaiserstadt an der Donau hinausgedrungen, hätte nicht ein weiterer Mitarbeiter des Verlags den Wiener Korrespondenten des britischen »Daily Chronicle« auf die Veröffentlichung aufmerksam gemacht. Diesem Reporter schien der Inhalt der Meldung so überwältigend zu sein, daß er ihn sofort telegraphisch seiner Redaktion in London übermittelte. Im »Chronicle« war man noch mehr von der Sensation überzeugt, so daß schon am Abend des 6. Januar diese Nachricht in alle Welt hinausgeschickt wurde:

»Der Lärm des Kriegsalarms (Englands Burenkrieg in Südafrika, Anmerkung des Autors) sollte die Aufmerksamkeit nicht ablenken von einem wunderbaren Triumphe der Wissenschaft, der soeben aus Wien mitgeteilt wird. Es wird berichtet, daß Professor Röntgen von der Universität Würzburg ein Licht entdeckt hat, das beim Photographieren Holz, Fleisch und die meisten anderen organischen Substanzen durchdringt. Es ist dem Professor gelungen, Metallgewichte in einer geschlossenen Holzschachtel sowie eine menschliche Hand zu photographieren, wobei sich nur die Knochen zeigen, während das Fleisch unsichtbar ist.«

Überall warfen die Flachdruck- und Rotationsmaschinen die Neuigkeit aus. Kaum eine Redaktion konnte es sich leisten, ihren Lesern die wichtige Information vorzuenthalten. Der Londoner »Standard« hatte sofort seinen Wiener Vertreter beauftragt, entsprechende und brandneue Recherchen durchzuführen. *Eine photographische Entdeckung* nannte das Blatt am 7. Januar den telegraphischen Bericht und versicherte seinem Publikum, daß es sich »bei der Entdeckung weder um einen Witz noch um einen Humbug handelt, sondern um die ernsthafte Entdeckung eines ernsthaften deutschen Professors«. Am gleichen Tag und vierundzwanzig Stunden später erneut erschienen in der »Frankfurter Zeitung« als erstem deutschen Blatt ausführliche Berichte. Ebenfalls am 8. Januar druckten die meisten amerikanischen Presseorgane den Artikel aus London ab, in dem Röntgens Name als »Routgen« wiedergegeben worden war. Jetzt endlich informierten auch die Würzburger Redakteure ihre Leser, jedoch derart ungenau, daß keine Silbe der Meldung von Röntgen autorisiert sein konnte. Mit diesen ersten Meldungen begnügte man sich nicht in den Redaktionen der Tageszeitungen. Der von Röntgen prophezeite Teufel ging nun erst richtig los. Wer sich berufen oder auch nicht berufen fühlte, machte die Feder zum Werkzeug seiner unrealistischen Visionen. Die Artikel überstürzten sich in Spekulationen, was mit diesen Strahlen alles zu bewerkstelligen sei. Entsprechend reagierte die Öffentlichkeit. Enthusiasmus wechselte mit apokalyptischen Wahnvorstellungen, Befürchtungen wurden laut, daß es ab sofort kein Privatleben mehr gäbe, weil man in jedes Haus und in jeden Menschen hineinschauen könnte. Spuk und Hysterie geisterten durch die Hirne vieler Menschen. Das Gruseln vor den »Gespensterbildern« wurde mit dem Gedanken angeheizt, daß die Röntgenstrahlen mit der normalen Photographie identisch seien. Dies befürchtete auch ein Artikelschreiber in der englischen Zeitschrift »The Electrician«, der seine Meinung mit dem Kommentar abschloß:

»Wir stimmen jedoch den Tageszeitungen nicht bei, wenn sie diese Entdeckung als eine ›Revolution der Photographie‹ bezeichnen. Es gibt sicherlich nur wenige Leute, die für ein Porträt sitzen wollen, welches nur die Knochen … in den Fingern zeigt.«

Während man sich auf dem europäischen Festland noch recht gemäßigt verhielt, schlachteten britische und amerikanische Presseleute und in ihrem Gefolge ein Großteil der Öffentlichkeit das Thema Strahlen über die Grenzen der Vernunft hin aus. Um den anscheinend unberechenbaren Auswirkungen dieser Entdeckung Einhalt zu gebieten, sah sich ein Abgeordneter des US-Staates New Jersey veranlaßt, am 19. Februar 1896 im Parlament von Trenton einen Antrag einzubringen, per Gesetz die X-rays in Operngläsern im Theater zu verbieten. Pseudowissenschaftler und Scharlatane sahen ihre große Stunde gekommen, von sich reden zu machen, allen voran im »Land der unbegrenzten Möglichkeiten«. Wie Ernst Streller überliefert, überraschte schon wenige Tage nach den ersten Nachrichten eine New Yorker Zeitung ihre Leser damit,

> »... daß im College of Physicians and Surgeons, New York, die Strahlen benutzt werden, um anatomische Zeichnungen direkt in das Gehirn der Studenten zu projizieren. Auf diese Weise wird ein weit nachhaltigerer Eindruck hervorgerufen als bei den gewöhnlichen Lehrmethoden anatomischer Einzelheiten.«

Was brachte Röntgens Entdeckung nicht alles in Bewegung! Wie bereits die beiden Beispiele aus Amerika belegen, war jenseits des Atlantiks keine Dummheit groß genug, um nicht der sensationslüsternen Masse hingeworfen zu werden. Die Journalisten sorgten laufend für schmackhaftes »Futter«. So habe ein Student der Columbia University bei seinen Experimenten mit den X-Strahlen den Stein der Weisen gefunden. Seine Entdeckung werde die Welt geradezu in Ekstase versetzen. Mit den Strahlen habe er innerhalb von drei Stunden ein nur fünfzehn Cent teures Metallstück zu Gold im Wert von einhundertdreiundfünfzig Dollar umgewandelt. Von Experten sei die Probe untersucht und als reines Gold identifiziert worden. Auch Zeichner und Karikaturisten griffen alle Variationen des Themas Strahlen auf. In den »Lustigen Blättern« karikierte W. A. Wellmer Röntgen als eine »Durch-Leuchte« der Wissenschaft: Der am Pult des Hörsaals stehende Professor gab den Blick auf sein Skelett frei.
Neben den Zukunftsvisionen nach Art moderner Science-fiction waren aber auch menschlich verständliche Reaktionen zu finden und erste klinische Erfolge zu verzeichnen. Unter »Vermischte Nachrichten« übernahm das Würzburger »Fränkische Volksblatt« einen Bericht aus England:

> »Über die *Anwendung der Röntgen'schen Strahlen in der wundärztlichen Praxis* theilt die Londoner medizinische Zeitschrift ›Lancet‹ den folgenden Fall mit: ›Im Londoner

Guy-Spitale liegt schon seit Monaten ein Matrose krank darnieder, dessen Extremitäten sich im Zustande vollkommener Erstarrung befinden. Er kann weder gehen, noch stehen, noch vermag er auch mit den Händen etwas zu greifen. Vor Monaten hatte man ihn betrunken in's Spital gebracht. Auf dem Rücken, in der Gegend der Wirbelsäule, war eine kleine, blutende Wunde zu sehen, die indeß schon nach einigen Tagen wieder verheilte, während der Kranke selbst gelähmt blieb. Alle bisher angewandten Heilversuche erwiesen sich als fruchtlos. Dr. Williamson, der Primararzt der betreffenden Spezialabtheilung, kam nun, als er von den Röntgen'schen Experimenten las, auf die Idee, in der beschriebenen Weise mehrere Rücken-Partien des Kranken zu *photographieren,* und da gewahrte er auf dem Bilde zwischen dem letzten Rücken- und dem ersten Kreuzwirbelknochen eine *Messerklinge* so stark eingezwängt, daß sie förmlich herausgestemmt werden mußte. Schon am darauffolgenden Tage konnte der seit Monaten gelähmt gewesene Matrose wieder gehen. Dieses Beispiel läßt es ahnen, welche Rolle der Röntgen'schen Entdeckung auf dem Gebiete der Chriurgie bevorstehen dürfte.‹«

Ebenfalls aus England stammte folgende Begebenheit: Eine Hausangestellte war in der Sprechstunde ihres Arztes erschienen. Sie vertraute dem Doktor an, daß ihr von einem jungen und ihrer Meinung nach ordentlichen Mann ein ernst zu nehmender Heiratsantrag gemacht worden sei. Da man aber nicht nur das Äußere berücksichtigen sollte, wäre sie sehr dankbar, wenn der Arzt ihren Bräutigam mit den neuen X-Strahlen durchleuchten würde, damit festgestellt werden könnte, ob der Zukünftige auch innerlich untadelig sei.
In einem anderen Fall sprach eine besorgte Mutter mit ihrem Sohn in einem Liverpooler Hospital vor. Der Junge, so sagte sie, habe vor einiger Zeit möglicherweise eine Drei-Penny-Münze verschluckt, wisse es aber selbst nicht mehr genau. Weil ein berühmter Mediziner soeben in einem öffentlichen Vortrag erklärt habe, im »Sarcophagus« eines Knaben einen halben

Penny entdeckt zu haben, müßte dies doch auch bei ihrem Sohn möglich sein.

Daß sich viele Menschen, nicht nur Kollegen, sondern ganz einfache Bürger direkt an Röntgen wandten, beweist die Flut von Post, die ihm täglich ins Haus gebracht wurde. Fast ausnahmslos waren sich die Wissenschaftler über die bahnbrechende Entdeckung einig, verhehlten nicht ihre Bewunderung und beglückwünschten den erfolgreichen Physiker. Andere Briefschreiber brachten größtenteils persönliche Anliegen vor. Im hohen Alter sortierte Röntgen den ganzen Stapel aus. Von dieser »Inventur« waren letztlich zwei in Packpapier verschnürte Bündel übriggeblieben. Sie trugen den Vermerk:

Tausende von Zuschriften, die sich auf die Entdeckung der X-Strahlen bezogen – namentlich in der ersten Zeit – habe ich als zu wenig interessant verbrannt. Inliegende Briefe bilden einen Teil der im Januar 1896 erhaltenen und mögen zeugen von der damaligen Hochflut der Zuschriften.

– 1921. R.

Am 16. April 1921 schrieb Röntgen an Margret Boveri:

»Abends scheide ich aus den noch vorhandenen Briefen (viele hundert) aus der ersten Zeit meiner Entdeckung vom Jahre 1895 einige interessante zur Aufbewahrung aus; die anderen werden zur Heizung meines Zimmers dienen, wozu das eingetretene Winterwetter eine gute Gelegenheit bietet. Von den vielen Anfragen, die ich von Patienten erhielt, will ich Ihnen eine zur Belustigung erzählen (sie wird mit den anderen verbrannt). Ein Schlossermeister ... teilt mir mit, daß sein Söhnchen vor längerer Zeit sein Bein gebrochen habe, das zwar geheilt sei, aber gegen das andere Bein immer kürzer wird. Der Arzt habe ihm gesagt, da könne nur ein nochmaliges Zerbrechen der Knochen und ein besseres Ineinanderpassen der Bruchenden helfen. Der Vater bittet nun um meinen Rat und fragt, ob es nicht vielleicht ratsamer sei, da doch ein Bein gebrochen werden müsse, die Knochen des unverletzten Beines zu brechen und dadurch eine Verkürzung dieses Beines auf die Länge des anderen zu erreichen! Von dem Schlossermeister ist das gar nicht so dumm gedacht, sondern recht handwerksmäßig; ein Arzt wäre wohl kaum auf diesen Gedanken gekommen. Und noch eine Geschichte aus jener ersten Zeit: In Wien war ein öffentlicher Vortrag über X-Strahlen beabsichtigt und die Polizei um ihre Genehmigung dazu ersucht; sie beschied: ›Das Experiment mit den Röntgenstrahlen hat, nachdem über dasselbe keine Details hieramts bekannt geworden sind, bis auf weiteres zu entfallen.‹ So geschehen am 26. März 1896!«

In einem der von Röntgen signierten Pakete, hauptsächlich mit einer Fülle von Glückwunschadressen, wurde auch die Reaktion der höchsten Majestät des Reiches verwahrt. So habe der deutsche Kaiser am 9. Januar »mit tiefstem Erstaunen in der Zeitung« Röntgens »weltbewegende Entdeckung gelesen«. Der Text des Telegramms aus der Reichshauptstadt fährt dann fort:

»Wenn sich der Bericht bewahrheitet, so gratuliere ich Ihnen aus vollem Herzen und preise Gott, daß unserem deutschen Vaterlande der neue Triumph der Wissenschaft beschert ist, welcher hoffentlich von reichem Segen für die Menschheit sein wird. Sobald Sie Zeit haben, wäre ich Ihnen dankbar, wenn Sie mir einen Vortrag über Ihre Erfindung halten könnten. Wilhelm, I.R.«

Röntgen nahm sich die Zeit. Telegraphisch informierte er den Hof, dem Kaiser den gewünschten Vortrag halten zu wollen. Bereits am nächsten Tag, dem 10. Januar, traf die Antwort aus Berlin ein. Der Flügeladjutant vom Dienst meldete:

»Seine Majestät wollen den Vortrag Euer Hochwohlgeboren Sonntag, den 12. d.M. nachmittags 5 Uhr hierselbst entgegennehmen. Sollte ein Laboratorium zur Vorführung der Experimente erforderlich sein, werden Hochwohlgeboren ersucht, sich mit der Berliner Universität in Verbindung zu setzen ...«

Spontan reagierte Emil Warburg (1846 – 1931), der 1895 aus Freiburg nach Berlin gekommen war und neben seinem Warburgschen Gesetz als ein Mitbegründer der quantitativen Photochemie bekannt wurde. Er hatte Tage zuvor in der Festsitzung der Physikalischen Gesellschaft die ihm von Röntgen übersandten Aufnahmen ausgestellt. Nun schickte er in aller Eile eine Notiz nach Würzburg:

> »Sie treffen mich morgen um 9 Uhr in meiner Wohnung. Von dem Grunde Ihrer Anwesenheit unterrichtet, stelle ich mich Ihnen ganz zur Verfügung. Vorläufig besten Glückwunsch zu dem durchschlagenden Erfolg Ihrer Entdeckung, und auf Wiedersehen morgen.«

»Hochwohlgeboren« Wilhelm Conrad Röntgen erschauerte nicht vor dem Repräsentanten des Reiches. Auch die Gegenwart der Kaiserin, des preußischen Kultusministers Bosse, des Chefs des Kaiserlichen Zivilkabinetts Lucanus und einer Reihe von Mitgliedern des Hofstaates berührte ihn nicht. Als sei er nicht im Schloß, sondern im Hörsaal, trug er gelassen und ohne das geringste Zeichen einer devoten Erregung die Ergebnisse seiner Arbeit vor, um sie mit dem entscheidenden Experiment seiner Entdeckung auch optisch verständlich zu machen. Seine Majestät und alle hochrangigen Zuhörer waren tief beeindruckt und geizten nicht mit Beifall für die eindrucksvolle Demonstration. Was tut ein Monarch in so einem Fall? Nun, er dekoriert den Mann mit einem Orden. Dies hinterläßt beim Ausgezeichneten in der Regel das erhabene Gefühl einer unbezahlbaren Wertsteigerung. Nicht so bei Röntgen. Ihm war schon zu dieser Stunde der ganze Rummel um seine Person zuwider. Und Ordensmetall sollte er noch genügend sammeln. Sich jedoch damit zu dekorieren, hielt er nicht für angebracht.
Auch sein Würzburger Vorgänger Friedrich Kohlrausch, inzwischen Präsident der Physikalisch-Technischen Reichsanstalt,

bekam Röntgens Abneigung gegen das Treiben um seine Person zu spüren. Kohlrausch, der Röntgen bei dessen Berlin-Aufenthalt nicht persönlich sprechen konnte, schrieb nach Würzburg:

»Wenn ich Ihnen umgehend meinen Glückwunsch zu dem Orden ausspreche, so ist dies das erste Mal, daß ich zu einem solchen Ereignis gratuliere. Daß ich nicht mündlich den Glückwunsch zur Hauptsache anbringen kann, tut mir wirklich leid. Ich dachte nicht, daß Sie so bald wieder abreisen würden. Gern würde ich auch die lokale Beschreibung der ersten Entdeckung gehört haben.

Meine Frau sagte, als ich ihr, von Staunen voll, Ihre fabelhaften Beschreibungen zum Frühstückskaffee erläuterte, noch nicht recht sicher, ob ich etwa träumte, nach einiger Zeit: ›Du hast wenigstens die Ehre, das Haus gebaut zu haben‹ worauf ich antwortete: ›Das rechne ich mir in diesem Falle in der Tat zur Ehre an.‹

Leider bin ich nicht mehr Physiker und im Besitz eines Induktoriums und Geißlerscher Röhren, so daß ich den Anblick der fin de siècle-Strahlen von der Gefälligkeit anderer abhängig machen muß.«

In seinem Dank- und Antwortschreiben, dessen Entwurf als nicht vollständig leserliche Bleistiftnotiz erhalten ist, bekennt sich Röntgen glücklich, daß ihm von so kompetenter physikalischer Seite Anerkennung gezollt wird, daß ihm »von Zeit zu Zeit schwindlig wird« und er wie im Traum lebe. Diese Freude sei aber getrübt,

»... als die geradezu ekelhafte von den Tagesblättern in Scene gesetzte Reclame eine häßliche Kehrseite von der Sache zeigt, die mir recht viel zu schaffen macht.«

Dann entschuldigte er sich, nicht bei Kohlrausch in Berlin vorgesprochen zu haben, da ihn seine Verpflichtungen sofort wieder nach Würzburg zurückgerufen hätten. Das Bedauern Kohlrauschs, nicht mehr über eine physikalische Installation zu verfügen, scheint für Röntgen unbegründet zu sein:

»Um einige meiner Versuche zu wiederholen, sind wenig Apparate nötig: ein großer Ruhmkorff (Sie kennen ja den Würzburger) mit ca. 20 Amp. Strom, eine am besten von Müller-Unkel in Braunschweig bezogene, etwas modifizierte Hittorfsche Röhre und ein Fluoreszenzschirm genügen. Diese Röhren liefern sehr intensive Strahlen, die ersten wurden aber bald durchschlagen, so daß ich meine Versuche fast alle mit einem an die Hg-Pumpe dauernd angeschlossenen Apparat ausführte. Die neueren halten sich besser ...«

## Die Öffentlichkeit ist Zeuge

Hätte Röntgen alle Zeitungsartikel zu seiner Entdeckung ausgeschnitten, so hätte er das ganze Physikalische Institut damit tapezieren können. Mit seinem Namen war auch Würzburg in aller Munde. Hier lebte der Entdecker neuer, ungewöhnlicher Strahlen, und hier war der Ort dieser ruhmreichen Begebenheit, die sich sogar der Kaiser hatte erläutern und vorführen lassen. Also hielt man das Verlangen nicht für unbillig, den Professor zu sehen, zu hören und bei einem Experiment die Tragweite seiner Entdeckung erkennen zu können.

Noch bevor sich derartige Anfragen und Wünsche häuften, denen Röntgen, wie sich noch zeigen wird, bisweilen sogar barsch eine Abfuhr erteilte, trat die Physikalische Gesellschaft von Würzburg an ihn heran. Man bat den Professor um einen Vortrag mit einer experimentellen Demonstration. Röntgen erachtete es als selbstverständliche Pflicht, diesem Ansinnen zu entsprechen. Der Abend des 23. Januar war dafür vorgesehen. Die Gesellschaft hatte eingeladen, und nicht nur alles, was Rang und Namen hatte, drängte in das Auditorium: Professoren der Universität, die Generalität mit ihren Kommandeuren der Garnison, die Honoratioren der Stadt, Studenten und interessierte Bürger. Der Hörsaal platzte fast aus den Nähten und bebte erstmals unter einem Beifallssturm, als Röntgen eintrat und zum Pult schritt. Hautnah konnte man nun dem Mann begegnen, von dem die ganze Welt sprach.

Dann herrschte atemlose Stille. Sie war auch notwendig; denn Röntgen pflegte sehr leise zu sprechen, so daß die letzten Reihen Mühe hatten, seine Worte zu verstehen. Des allgemeinen Interesses wegen, so begrüßte er die Gesellschaft unter ihrem Präsidenten Professor Lehmann, halte er es für seine Pflicht, nun vor einem erweiterten Gremium und damit vor der Öffentlichkeit über seine Arbeit zu sprechen, obwohl sie sich noch im Anfangsstadium befinde und über erste Wahrnehmungen nicht hinausgekommen sei. In seiner ruhigen und bescheidenen Art schilderte er zunächst die physikalischen Voraussetzungen, erläuterte die Apparate und ging nach Hinweisen auf die früheren Untersuchungen der Kathodenstrahlen mit Hittorfschen Röhren auf die Hertzschen Ergebnisse mit Metallfolien ein, um diesen Einstieg ins Thema durch die Erwähnung der Arbeiten Lenards mit Kathodenstrahlen in freier Luft zu ergänzen. Schlicht und ohne Pathos bekannte er:

»Diese Versuche führten mich auch zu Arbeiten auf diesem Gebiete, wobei ich dann durch Zufall meine Entdeckung machte.«

Als spräche er nur für sich, berichtete er über seine Beobachtung: daß ein auf dem Tisch liegendes, mit Bariumplatinzyanür bestrichenes Blättchen bei jeder Entladung der in einem schwarzen Karton eingeschlossenen Hittorfschen Röhre aufleuchtete. Er erklärte, daß er sehr rasch die Überzeugung gewonnen habe, daß dieses Aufleuchten von der Röhre und nicht von einer anderen Stelle erzeugt wurde. Diese Wahrnehmungen hätte er auch in größeren Entfernungen von der Röhre gemacht. Weil die Strahlen offenkundig das schwarze Papier durchdrangen, habe er es auch mit anderen Materialien versucht. Doch noch immer habe er geglaubt, einer Täuschung zu unterliegen.

»Doch dann nahm ich die Photographie zu Hilfe, und der Versuch gelang.«

Schon in diesem ersten und, wie es sich bald zeigen sollte, einzigen öffentlichen Vortrag erwähnte er ein Phänomen, das in der Folgezeit von Physikern und Medizinern nicht berücksichtigt wurde, nämlich die Beobachtung, daß Blei einen Schutz gegen die Strahlen bietet. Er berichtete von einem Experiment, bei dem er versuchte, durch die Tür zwischen dem Labor, in dem der Entladungsapparat stand, und dem Nebenzimmer mit der Photoplatte eine Aufnahme zu machen. Auf dieser Platte aber sah er stets helle Streifen, für die er zunächst keine Erklärung fand. Mit Sicherheit hätte es manch anderer bei dieser Beobachtung belassen. Nicht aber Röntgen. Er ließ das Auditorium wissen, daß erst alle Nachforschungen und Zusammenhänge einer Arbeit die fundamentalen und abgesicherten Ergebnisse garantieren würden:

»Diese Abschattierung fiel mir auf, und ich erkannte daran, daß nicht die Absorption durch die ungleichen Holzdicken des Türpfostens das Maßgebende war, sondern eine Oberflächen-Absorption des Pfostens. Ich erkundigte mich nach der Art des Türanstrichs und erfuhr, daß derselbe aus Bleiweiß bestand. Weil Blei für diese Strahlen so schwer durchlässig ist, absorbiert eine in der Richtung der Strahlen verlaufende Bleiweißschicht dieselben beträchtlich mehr als eine senkrecht zu den Strahlen orientierte Schicht.«

Wenn auch dieser theoretische Teil des Vortrags selbst den Nichtphysiker faszinierte, so wartete man doch mit Spannung darauf, daß der Professor nun mittels der vor ihm aufgebauten Apparate seine Ausführungen mit der entsprechenden Demonstration ergänzen würde. Sie wurde zu einem glanzvollen Höhepunkt des Abends – für die Zuhörer und in aller Bescheidenheit für den Institutsdirektor.

Man hätte das Fallen einer Stecknadel hören können, als Röntgen mit dem praktischen Teil, der Vorführung seiner Versuche, begann. Nun sahen alle, was sie bislang nur gelesen oder vernommen hatten: die Strahlen durchdrangen Papier, Blech und Holz, nicht jedoch Platin. Schließlich bat Röntgen den Nestor des Kollegiums, Exzellenz Geheimrat Rudolf Albert von Kölliker, den Anatomen, führenden Histologen der Zeit und Begründer der Zellularphysiologie, zu sich an den Experimentiertisch. Er bat ihn, die Hand auf die Photoplatte zu legen, schaltete den Strom ein und machte eine Aufnahme. Schnell entwickelt, konnte das Bild der »geröntgten« Hand herumgezeigt werden. Für Minuten war kein Gespräch möglich, weil Beifallsstürme das gelungene und erstmals öffentlich demonstrierte Experiment mit den neuen Strahlen, die das Innere des menschlichen Körpers sichtbar machten, begleiteten. Kölliker, tief bewegt, beglückwünschte Röntgen und forderte als Dank und Anerkennung die Anwesenden auf, ein Hoch auf den Entdecker auszubringen. Wieder bebte der Hörsaal unter den stehenden Ovationen des Auditoriums.

Nur mühsam konnte sich Kölliker noch einmal Gehör verschaffen. Diese X-Strahlen, schlug er vor, sollten ab sofort den Namen Röntgens tragen. Stürmischer Beifall quittierte diesen Vorschlag. Aus Köllikers spontaner Empfehlung wurden dann bald die Röntgenstrahlen, wie sie in den deutschen Sprachgebrauch eingingen. Der Chirurg Hofrat Professor von Schoenborn erkundigte sich noch, ob diese Strahlen wohl auch chirurgisch zu nutzen seien. Zu den nötigen Versuchen, erwiderte Röntgen, habe ihm bislang die Zeit gefehlt, doch werde er alles aufbieten, um auch diese Frage zu beantworten. Das »Fränkische Volksblatt« beendete seinen Bericht über diesen Abend mit dem Satz, daß seit achtundvierzig Jahren keine so epochemachende Sitzung der Gesellschaft stattgefunden habe.

Drei Wochen nach jenem denkwürdigen Abend in der Physikalischen Gesellschaft wurde Röntgen durch einen Fackelzug der Studenten geehrt. Von Ernst Streller, dem früheren Direktor des Deutschen Röntgen-Museums, ist überliefert, wie sich der Geehrte beim jungen akademischen Nachwuchs bedankte:

»Während von allen Seiten fast sinnverwirrende Glückwünsche und Ehrenbezeugungen auf mich niederprasselten und unwillkürlich der neue Eindruck zum Teil durch den alten verwischte, ist mir immer eine Erinnerung lebendig und frisch geblieben, die Erinnerung an die Freude, welche ich empfand, als meine Arbeit sich entwickelte und ihre Vollendung erreicht hatte. Es ist die Freude über das Gelingen einer Arbeit und über den gemachten Fortschritt. Diese Freude können Sie alle im Leben genießen, dieses Ziel können und müssen Sie alle erreichen. Das hängt hauptsächlich von Ihnen ab. Möge diese Freude, diese innere Befriedigung Ihnen allen mehrmals zuteil werden und mögen die äußeren Umstände sich so gestalten, daß Sie dieses Ziel auf nicht allzu schwierigem Wege erreichen.«

## »Ich dachte nicht, sondern ich untersuchte«

Freude und innere Befriedigung wurden jedoch von dem Rummel, den Röntgens Entdeckung ausgelöst hatte, von der »häßlichen Kehrseite«, wie er Kohlrausch geschrieben hatte, schwer getrübt. Röntgen liebte nicht die laute Welt, er, der gewohnt war, allein zu experimentieren, reagierte sensibel auf jede Störung seiner wissenschaftlichen Tätigkeit. Als sie die ehemals friedliche Szenerie in ein Tollhaus verwandelte, tat sich bei Röntgen eine tiefe, schier menschenverachtende Kluft seines Wesens auf. Zu keiner Stunde wäre es ihm in den Sinn gekommen, seine Entdeckung für sich materiell oder ideell auszuschlachten, sich in das Elysium der großen Geister seiner Zeit erheben zu lassen. Wer in ihm den berühmten Mann suchen wollte, stieß sofort auf eine eiskalte Mauer der Ablehnung.
Daß andererseits bereits in der zweiten Januarhälfte die englische Zeitschrift »Nature«, wenige Tage später die amerikanische »Science« und dann das französische Fachblatt »L'Eclairage Electrique« sachlich und ohne spekulative Kommentare seine erste Schrift über die neuen Strahlen in der jeweiligen Übersetzung herausbrachten, sah Röntgen als internationale Gepflogenheit wissenschaftlicher Publikationen an.

Was indes die Tages- und Sensationspresse, die von der breiten Masse gelesen wurde, über Röntgen zu verbreiten wußte, erschütterte ihn zutiefst. Als Folge lehnte er fast jeden Besuch eines Journalisten ab. Um so dankbarer muß man sein, daß Röntgen dem für die amerikanischen und britischen Ausgaben der Zeitschrift »McClure's Magazine« tätigen Reporter H.J.W. Dam ein längeres und aufschlußreiches Interview gewährte. Der Verlag schickte Dam nach Terminabsprache mit Röntgen nach Würzburg.

In Würzburg angekommen, schrieb Dam aus einem Hotel an den »Sehr geehrten Herrn Professor« einen Brief:

> »Ich hoffe, Sie erlauben mir die Feststellung, daß Sie im Umgang ein sehr schwieriger Herr sind; schwieriger noch als Berthelot, Pasteur, Dawar und all die anderen Wissenschaftler, über deren Entdeckungen ich schon geschrieben habe. Meine Hochachtung vor Ihrer Person und Ihrer Entdeckung ist jedoch so groß, und meine Absichten sind so sehr vom guten Willen geleitet, daß es mir unmöglich erschien, wenn Sie mir nicht die kleinste Gelegenheit geben wollten, mit Ihnen über Art und Zukunft der neuen Strahlen zu sprechen...«

Dam war ein ausgezeichneter und zuverlässiger Journalist, und das Magazin, für das er schrieb, hatte sich durch sachliche Berichte einen Namen gemacht. Obwohl er auf dem Gebiet der Physik ein Laie war, zeichnete er sich doch durch eine bemerkenswerte Beobachtungsgabe und exakte Berichterstattung über die ihm von Röntgen geschilderten Vorgänge aus. Die Reportage mit dem einzigen und von der Fachwelt als nahezu dokumentarisch anerkannten Interview, in dem Röntgen den Ablauf seiner Experimente folgerichtig darstellt, erschien in Heft 6, 403 vom April 1896. Sie sprach auch zahlreiche Naturwissenschaftler so sehr an, daß sie sie in ihren Publikationen und Vorträgen zitierten.

Am Pleicher Ring (heute Röntgenring, Anmerkung des Autors), einer sehr schönen Straße mitten in der Stadt, liegt

Professor Röntgens Wirkungskreis, das Physikalische Institut. Es ist dies ein bescheidenes Gebäude von zwei Stockwerken und Keller. Im oberen Stock hat er seine Wohnung, der Rest des Gebäudes wird für Vorlesungsräume, Laboratorien und zugehörige Räume benutzt. Ein alter Mann öffnete die Tür und führte mich durch einen Korridor, der durch die ganze Länge des Gebäudes lief, in ein kleines Zimmer auf der rechten Seite. Darin standen ein großer Tisch und ein kleiner Tisch am Fenster, der ganz mit Photographien bedeckt war, während eine Reihe von Regalen an der Wand mit Laboratoriums- und anderen Apparaten gefüllt war. Durch eine offene Tür sah man in einen etwas größeren Raum von ungefähr 20 mal 15 Fuß. Dieses war das Laboratorium, in welchem die Entdeckung stattfand, und das deshalb, so bescheiden es auch ist, von dauerndem geschichtlichen Wert bleiben wird. In der linken Ecke stand ein anderer Tisch; ein zweiter kleinerer, auf dem lebende Knochen zum ersten Male photographiert worden waren, stand nahe dem Ofen links von einer Ruhmkorffschen Induktionsspule. Dieses Laboratorium sprach für sich selbst. Vergleicht man es zum Beispiel mit den wunderbar eingerichteten und kostspieligen Laboratorien der Universität London oder irgendeiner der großen amerikanischen Universitäten, so ist es kahl und anspruchslos.

Plötzlich trat Herr Professor Röntgen ein. Er ist groß, schlank und sehr beweglich, und aus seiner ganzen Erscheinung sprechen Begeisterung und Energie.

Er trug einen dunkelblauen Anzug, und sein langes, dunkles Haar stand aufrecht auf seiner Stirn, so als ob es dauernd durch seine eigene Begeisterung elektrisiert wäre. Er hat eine volle, tiefe Stimme, spricht schnell und gibt im allgemeinen den Eindruck eines Mannes, der mit unermüdlichem Eifer einer geheimnisvollen Erscheinung nachgehen wird, sobald er nur auf deren Spur ist. Seine Augen sind gütig, schnell und durchdringend, und zweifellos zieht er Crookessche Röhren seinem Besucher vor, da zur Zeit die Besucher ihm viel seiner kostbaren Zeit rauben. Da jedoch unser Zusammentreffen verabredet war, war sein Gruß freundlich und herzlich. »Nun«, sagte er lächelnd und mit einiger Ungeduld, als einige persönliche Fragen, die ihm unangenehm waren, erledigt waren, »Sie sind gekommen, um die unsichtbaren Strahlen zu sehen.«

»Ist das Unsichtbare sichtbar?«

»Nicht direkt mit dem Auge, aber die Wirkungen sind sichtbar. Kommen Sie bitte hierher.«

Er führte mich in einen anderen Raum und zeigte die Induktionsspule, mit welcher seine Untersuchungen gemacht worden waren, eine gewöhnliche Ruhmkorffsche Spule von etwa 4 bis 6 Zoll Funkenlänge, die mit einem Strom von 20 Ampere betrieben wurde. Zwei Drähte gingen von der Spule aus durch eine offene Tür in einen kleineren zur Rechten gelegenen Raum. In diesem Zimmer befand sich ein kleiner Tisch, auf dem eine Crookessche Röhre stand, die mit der Spule verbunden war. Der merkwürdigste Gegenstand in diesem Raume war jedoch eine große und mysteriös aussehende Zinkkiste, die ungefähr 7 Fuß hoch und 4 Fuß im Quadrat war. Sie stand auf einem Ende wie eine große Kiste, und eine ihrer Seiten war nur etwa 5 Zoll von der Crookesschen Röhre entfernt.

Der Professor erklärte das Geheimnis dieser Zinkkiste und sagte, daß er sie gebaut hatte, um eine tragbare Dunkelkammer zu haben. Im Anfang seiner Untersuchungen benutzte er das ganze Zimmer, wie man noch aus den schweren schwarzen Vorhängen ersehen konnte, die alles Licht von den Fenstern abhielten. An einer Stelle der Zinkkiste, und zwar direkt gegenüber der Röhre, war ein rundes Aluminiumblech von 1 mm Dicke und ungefähr 18 Zoll im Durchmesser angebracht, welches an das es umgebende Zink angelötet war. Um die Strahlen zu untersuchen, brauchte der Professor also nur den Strom einzuschalten und nach dem Eintritt in die Kiste die Tür zu schließen, um dann in vollkommener Dunkelheit nur das Licht oder die Effekte seines Lichtes zu studieren.

»Gehen Sie herein«, sagte er, indem er die Tür auf der der

Röhre entgegengesetzten Seite der Kiste öffnete. »Auf dem Schaft liegt ein Stück Bariumpapier«, sagte er, ging dann hinüber zu der Induktionsspule der Kiste. Die Tür war geschlossen, und es wurde vollständig dunkel im Inneren der Kiste. Ich fand einen Stuhl, auf welchen ich mich setzte. Dann fand ich den Schaft auf der Seite in der Nähe der Röhre und auch einen Papierbogen, der mit Bariumplatinzyanür bestrichen war. Ich sah nun das erste Phänomen, welches die Aufmerksamkeit des Entdeckers auf sich gezogen und zur Entdeckung geführt hatte, nämlich den Durchgang der Strahlen, die selbst ganz unsichtbar sind und deren Vorhandensein nur durch die Wirkung, die sie auf sensitisiertem photographischem Papier hervorrufen, bemerkt werden kann.

Im nächsten Augenblick wurde die Dunkelheit durchsetzt von dem schnell wechselnden Geräusch des Erzeugers des Hochspannungsstromes, und ich wußte, daß die Röhre außen am Kasten glühte. Ich hielt den Papierbogen in die Höhe, ungefähr 4 Zoll von der Platte weg. Es zeigte sich jedoch nichts.

»Können Sie etwas sehen?« rief er.

»Nein.«

»Dann ist die Spannung nicht hoch genug.« Er erhöhte die Spannung durch Bewegung eines nahe bei der Spule stehenden Apparates, der Quecksilber in langen aufrechtstehenden Röhren enthielt, die automatisch durch einen Gewichtsheber bewegt wurden. Nach wenigen Minuten konnte ich wieder das Geräusch der Entladung hören und sah dann zum ersten Male die Wirkung der Röntgenstrahlen. Sobald der Strom floß, begann das Papier zu leuchten. Über die ganze Oberfläche verbreitete sich ein gelbgrünes Licht in Wellenform wolkenförmig oder kurz aufleuchtend. Die gelbgrüne Lumineszenz zitterte und veränderte sich im selben Rhythmus wie die schwankende Entladung, was in der Dunkelheit sonderbar aussah. Die unsichtbaren Strahlen flogen durch die Metallplatte, das Papier, mich und die Zinkkiste hindurch und waren von einer merkwürdig interessanten, aber geheimnisvollen Wirkung. Die Metallplatte schien der fliegenden Kraft keinen besonders großen Widerstand entgegenzusetzen, und das Fluoreszenzlicht war genau so, als ob nichts zwischen der Röhre und dem Schirm gelegen hätte.

»Stellen Sie das Buch dazwischen.«

Ich fühlte auf dem Schaft herum in der Dunkelheit und fand ein schweres Buch, etwa 2 Zoll dick, welches ich gegen die Platte legte. Ich konnte keinen Unterschied bemerken. Die Strahlen flossen durch das Metall und das Buch hindurch, so als ob keines von beiden dagewesen wäre, und die Lichtwellen, die wie Wolken über das Papier hinwegrollten, zeigten keine Änderung in ihrer Lichtstärke.

Dieses war eine klare Demonstration, mit welcher Leichtigkeit Papier und Holz von den Strahlen durchdrungen werden. Ich legte das Buch und Papier weg und richtete meine Augen gegen die Strahlen. Es blieb jedoch alles schwarz, und ich sah und fühlte nichts. Die Entladung hatte ihre Höchststärke erreicht, und die Strahlen flogen durch meinen Kopf und soweit ich denken konnte durch die Seite der Kiste hinter mir. Sie waren jedoch unsichtbar und unfühlbar. Sie erregten keinerlei Empfindung; die mysteriösen Strahlen können nicht gesehen, sondern nur ihre Wirkungen beurteilt werden.

Ich verließ ungern diese historische Zinkkiste, aber da die Zeit knapp wurde, dankte ich dem Professor, der sehr glücklich über seine Entdeckung war.

Ich fragte dann: »Wo haben Sie zum ersten Male lebende Knochen photographiert?«

»Hier«, sagte er, indem er mich in den Raum führte, wo die Spule stand. Er zeigte auf einen Tisch, auf welchem ein anderer kleinerer mit kurzen Füßen stand; letzterer hatte mehr die Gestalt und Größe eines Holzsitzes. Er war 2 mal 2 Fuß groß und ganz schwarz angestrichen.

»Wie machten Sie die erste Photographie einer Hand?«

Der Professor ging nach einem Regal in der Nähe des Fensters, auf dem eine Reihe von vorbereiteten Glasplatten lagen, die dicht in schwarzes Papier eingepackt waren. Er befestigte eine Crookessche Röhre unter dem Tisch, so daß sie nur wenige Zoll von der unteren Tischseite entfernt war. Daraufhin legte er seine Hand flach auf den Tisch und legte eine Platte lose auf seine Hand.

»So müßten Sie eigentlich gemalt werden«, sagte ich.

»Ach, Unsinn«, sagte er und lachte.

»Oder photographiert.« Dieser Vorschlag wurde mit einer gewissen heimlichen Absicht gemacht. Die Strahlen von Röntgens Augen jedoch durchdrangen unmittelbar diese Absicht.

»Nein, nein«, sagte er, »ich kann Ihnen nicht erlauben, von mir Aufnahmen zu machen; ich habe keine Zeit dazu.«

Auf jeden Fall war der Professor zu bescheiden, um den Wünschen einer neugierigen Welt nachzukommen.

»Nun, Herr Professor«, sagte ich, »wollen Sie so freundlich sein, mir die Geschichte der Entdeckung zu erzählen?«

»Da gibt es eigentlich keine Geschichte«, antwortete er. »Ich interessierte mich schon seit langer Zeit für die Kathodenstrahlen, wie sie von Hertz und speziell von Lenard in einer luftleeren Röhre studiert worden waren. Ich hatte die Untersuchung dieser und anderer Physiker mit großem Interesse verfolgt und mir vorgenommen, sobald ich Zeit hätte, einige selbständige Versuche in dieser Beziehung anzustellen; diese Zeit fand ich Ende Oktober 1895. Ich war noch nicht lange bei der Arbeit, als ich etwas Neues beobachtete.«

»Welches Datum war es?«

»Der 8. November.«

»Und welcher Art war die Beobachtung?«

»Ich arbeitete mit einer Hittorf-Crookesschen Röhre, welche ganz in schwarzes Papier eingehüllt war. Ein Stück Bariumplatinzyanürpapier lag daneben auf dem Tisch. Ich schickte einen Strom durch die Röhre und bemerkte quer über das Papier eine eigentümliche schwarze Linie.«

»Was war das?«

»Die Wirkung war derart, daß sie den damaligen Vorstellungen gemäß nur von einer Lichtstrahlung herrühren konnte. Es war aber ganz ausgeschlossen, daß von der Röhre Licht kam, weil das dieselbe bedeckende Papier sicherlich kein Licht hindurchließ, selbst nicht das einer elektrischen Bogenlampe.«

»Was dachten Sie sich da?«

»Ich dachte nicht, sondern ich untersuchte. Ich vermutete, daß die Wirkung von der Röhre herkommen müsse und prüfte nach dieser Richtung hin genauer. Bald war jeder Zweifel ausgeschlossen. Es kamen ›Strahlen‹ von der Röhre, welche eine lumineszierende Wirkung auf den Schirm ausübten. Ich wiederholte den Versuch mit Erfolg in immer größeren und größeren Entfernungen, fast bis zu 2 Metern. Anfangs hielt ich sie für eine neue Art von Licht. Sicher aber war es etwas Neues, noch Unbekanntes.«

»Ist es Licht?«

»Nein, denn es kann weder reflektiert noch gebrochen werden.«

»Ist es Elektrizität?«

»Nicht in der bekannten Form.«

»Was ist es dann?«

»Ich weiß es nicht. Nachdem ich die Existenz einer neuen Art von Strahlen nachgewiesen hatte, ging ich daran, ihre Eigenschaften zu untersuchen. Es zeigte sich aus den Versuchen bald, daß die Strahlen ein ungewöhnliches Durchdringungsvermögen besitzen, und zwar von einer Kraft, die bis jetzt an Strahlen unbekannt ist. Sie durchdringen Papier, Holz und Tuch mit Leichtigkeit, und innerhalb gewisser Grenzen spielt die Dicke der Substanz überhaupt keine Rolle. Die Strahlen gehen durch alle untersuchten Metalle hindurch, und zwar mit einer Leichtigkeit, die im umgekehrten Verhältnis zur Dichtigkeit des Metalls zu stehen scheint. Diese Erscheinungen sind alle in meiner Abhandlung besprochen, welche ich der Würzburger Physikalisch-Medizinischen Gesellschaft vorgelegt habe; dort finden Sie auch alle Resultate angegeben.

Da die Strahlen eine große Durchdringungskraft hatten,

schien es selbstverständlich, daß sie auch durch Fleisch hindurchgehen konnten, und den Beweis fand ich beim Photographieren der Hand, wie ich Ihnen schon zeigte.«

»Wie denken Sie sich die weitere Entwicklung der Anwendung der Strahlen?«

»Ich bin kein Prophet und liebe das Prophezeien nicht. Ich setze meine Untersuchungen fort, und sobald meine Resultate sich bestätigen, werde ich sie veröffentlichen.«

»Denken Sie, daß die Strahlen so geändert werden können, daß Sie damit die Organe des menschlichen Körpers aufnehmen könnten?«

Anstatt einer Antwort nahm er die Photographie einer Schachtel mit Gewichten. »Hier sind schon solche Änderungen«, sagte er, indem er die verschieden starken Schatten zeigte, die durch das Aluminium, Platin und Messing der Gewichte und durch die Messingscharniere verursacht worden waren, und man konnte selbst die gedruckten metallunterlegten Buchstaben des Deckels der Schachtel gerade noch erkennen.

»Herr Professor Neusser hat schon mitgeteilt, daß Aufnahmen der inneren Organe möglich sein werden.«

»Wir werden ja sehen, was wir sehen werden. Wir haben den Anfang gemacht, und mit der Zeit werden die weiteren Entwicklungen folgen. Es gibt noch viel zu tun, und ich bin sehr beschäftigt.«

Er reichte mir zum Abschied die Hand, aber seine Augen wanderten schon zurück zu seiner Arbeit in das Innere des Laboratoriums.

Dieses Interview erlaubt auch dem Nichtphysiker, sich noch nach hundert Jahren vorzustellen, wie Röntgen vorgegangen ist. Wie in seinen Veröffentlichungen, die ja nicht für eine breite Leserschaft, sondern für die Physikerkollegen geschrieben worden waren, die aber wie einzelne Steinchen das Mosaikbild der Naturwissenschaft bereicherten, war Röntgen stets von subtiler Genauigkeit.

Seine Angaben in den *Mittheilungen* und im Interview sind so präzise, daß eine Rekonstruktion keine Detektivarbeit erfordert. Er suchte nach einem »agens«, einer treibenden Kraft. Er wollte wissen, ob diese Kraft aus den Röhren in den Außenraum dringen würde. War Röntgen auch teilweise farbenblind und auf einem Auge sehgeschwächt, so besaß das andere Auge dafür eine sehr hohe Lichtempfindlichkeit. Friedrich Dessauer, der noch mit Freunden und Kollegen von Röntgen Kontakt hatte, schildert die entscheidenden Schritte:

> »Somit versuchte er ›anfangs November‹ das Einfachste, was man in seinem Gedankengang versuchen könnte: ob man in voller Dunkelheit irgend etwas mit dem Auge selbst, also unmittelbar wahrnehmen könne, wenn die Hittorfröhre funktioniert. Damit ihr Licht nicht störe, montierte er sie hinter die Holztüre des verdunkelten Zimmers, in dem er selbst stand, und glaubte, ein einziges Mal etwas zu bemerken. Die Hittorfröhre mit dem Platinblech ging dabei zu Grunde. Er sah nichts mehr und setzte mit anderen Hittorfröhren neue Versuche an: eben dies mit umhüllter Röhre ... und Leuchtschirm, die ihm in der Nacht vom 8. November die Erfüllung brachten. Bei diesen entstehen, wie er schreibt, die neuen Strahlen da, wo das von Kathodenstrahlen getroffene Glas am hellsten leuchtet.«

Ob sich Röntgen der Dramatik jenes Augenblicks bewußt war, mag dahingestellt sein. Als dramatisch erwiesen sich jedoch die unmittelbaren Folgen seiner Entdeckung – für ihn und für die Öffentlichkeit.

### Neider und Besserwisser

»Ich dachte nicht, sondern ich untersuchte.« Diese vielzitierten Worte Röntgens fordern bei allem Respekt vor dem großen Physiker und seiner Bescheidenheit geradezu zum Widerspruch heraus. Mit Sicherheit dachte Röntgen darüber nach, wie die schon bekannten Kathodenstrahlen in seine Versuche eingebaut werden, wie mit den vorhandenen Röhren und Apparaten Hittorfs und Crookes', Ruhmkorffs und Lenards neue Erkenntnisse oder zumindest Ergänzung vorhandenen Wissens gewonnen werden könnten. Das Denken, das Nachdenken, das Durchdenken der Gegebenheiten, stand bei ihm am Anfang seines Tuns, zeigte ihm die Richtung, die er zu gehen hatte und in der er letztlich erfolgreich war. Hätte er bis zu jenem 8. November 1895 nicht bereits achtundvierzig wissenschaftliche und von allen Fachkollegen aufmerksam gelesene und uneingeschränkt gebilligte Arbeiten veröffentlicht, wäre also seine Entdeckung ein einmaliges, wenn auch grandioses Ereignis geblieben, nur dann könnte man im nachhinein seiner Einschränkung zustimmen. Ohne Zweifel wäre jener Abend in Würzburg ergebnislos verlaufen, hätten sich für Röntgen mit Sicherheit auch weiterhin keine Ergebnisse eingestellt. Es entsprach eben Röntgens Wesen, sich selbst mit keinem Lorbeerkranz des Triumphators zu schmücken.

Ganz im Gegensatz zu jenen Neidern und Besserwissern, die stets das Können oder Glück eines Erfolgreichen herunterspielen wollen und mit ihrer Mißgunst auch die Persönlichkeit nicht verschonen. Diese machten sich behend auf, Röntgens Entdeckung nicht nur zu schmälern, sondern sie ihm sogar als Plagiat anzukreiden.

Da brachte man zuerst Lenard ins Spiel. Ihm gebühre der Entdeckerruhm; denn er habe an seinem »Fenster« bereits die Strahlenerscheinung wahrgenommen. Die Strahlenerscheinung: richtig! Lenard bemerkte die Fluoreszenz. Er bemerkte sie, aber erkannte sie nicht als die alle Körper durchdringenden Strahlen und ließ es dabei bewenden. Röntgen dagegen unternahm wochenlange Versuchsreihen, um dann – wenn auch durch einen zufälligen Blick – ihre Symptome zu erkennen und ihre Wirkungsweise zu erproben. Möglicherweise steckte hinter dieser Lenard-Version sogar Lenard selbst, der vielleicht durch eine vage Äußerung den Stein ins Rollen gebracht haben könnte. Auffallend war zumindest sein seitdem zu Röntgen merklich abgekühltes Verhältnis.

Als die verbissen ringende kleine Schar der Gegner noch mit der Lenardschen Theorie jonglierte, tauchte ein neues Verdachtsmoment auf. Mit einer kriminalistisch anmutenden Story, einer breit angelegten Fabel, die nach Meinung der Autoren auf unwiderlegbaren Beweisen fußte, wollte man den Entdeckerruhm nicht dem Direktor, sondern dem Hausmeister des Physikalischen Instituts zuschanzen und somit Röntgen nicht nur diskriminieren, sondern geradezu lächerlich machen. Jener durchaus ehrenwerte, fleißige und geschickte Hausmeister mit Namen Marstaller, den Röntgen als zuverlässigen und stets hilfsbereiten Betreuer des Hauses schätzte, habe die X-Strahlen als erster festgestellt und Röntgen den entscheidenden Hinweis gegeben. So habe Marstaller eines Tages beim Aufräumen im Labor eine entwickelte Aufnahme von einem Holzkästchen wegpacken wollen, dabei aber in dem Kästchen die deutlichen Umrisse eines Ringes gesehen. Er habe wenig später den nichtsahnenden Röntgen auf diese Photographie aufmerksam gemacht, der daraufhin stutzig geworden sei.

Etwas zu behaupten, ohne es zu belegen, hätte diese Autoren unglaubwürdig gemacht. Sie fühlten sich in der Lage, das Beweismaterial auf den Richtertisch der Öffentlichkeit zu legen. Während Marstaller niemals den Entdeckerruhm für sich in Anspruch nahm, führte man zur Stützung der These zwei Kronzeugen an: Röntgens Frau Bertha und einen jungen Pennäler. Bertha Röntgen mußte einräumen, daß sie nicht gewußt hatte, womit ihr Mann im Laboratorium beschäftigt gewesen war. Sie sprach die Wahrheit, und die Wahrheit ist schon bekannt; denn bis zu dem Augenblick, da Röntgen ihre Hand photographierte, wußte sie tatsächlich nicht, mit welcher Arbeit er befaßt war. Das Nichtwissen Bertha Röntgens macht die Marstaller-Story jedoch nicht glaubhafter. Als zweiter »Zeuge« wurde Geheimrat A. Dyroff zitiert, der zu jener Zeit am Neuen Gymnasium in Würzburg war. In seiner Klasse befand sich der Sohn Marstallers. An Röntgens Arbeit interessiert, befragte Dyroff den Schüler, ob er vielleicht etwas Interessantes zu erzählen wisse. Sicher fühlte sich der Junge als Informant sehr wichtig, berichtete vom Fund des Vaters und brachte dann seinem Lehrer sogar die Ringaufnahme mit in den Unterricht, um sie Dyroff großzügigerweise zu schenken. Die Marstaller-Geschichte machte die Runde und breitete sich aus, je mehr Parteien sie zu Ohren kam. Sie wurde zu fast überschäumendem Wasser auf den Mühlen jener, die nun die Beweise in der Hand zu haben glaubten, Röntgen etwas am Zeug flicken zu können. Zweifellos sei Marstaller der Entdecker der Strahlen, hieß es in den vom Rausch dieser »Enthüllungen« verfaßten Artikeln.

Röntgens Charakter lag es fern, zu derartigen Anfeindungen Stellung zu nehmen. So soll hier ein Plädoyer für seine Integrität sprechen und die fadenscheinige Beweisführung der Anschuldigungen zerpflücken. Denn einige Biographen führten die gegnerischen Argumente an, ohne dem Diffamierten Gerechtigkeit widerfahren zu lassen. Sie beließen es bei der Bemerkung, daß es Röntgen gar nicht nötig gehabt habe, sich gegen die Diffamierungen zur Wehr zu setzen.

Mag der Hausmeister nun tatsächlich die Aufnahme gefunden und sie Röntgen übergeben haben, so wird man doch nicht allen Ernstes jenem Mann das wissenschaftliche Fundament attestieren wollen, Sinn und Deutung der Aufnahme erfaßt zu haben. Läßt man diesen Punkt außer Betracht, so sprechen Fakten gegen die Marstaller-Version. Zuerst sei daran erinnert, daß Röntgen, wie er in seiner *Mittheilung* festhält, mit »dünnem, schwarzem Carton« und einem Papierschirm arbeitete und dabei die Strahlen entdeckte, erst danach aber mit der Durchleuchtung eines Holzkästchens und anderer Materialien seine Experimente fortsetzte. Marstallers »Fund« war eine photographische Aufnahme. Die Kamera nahm Röntgen erst zu Hilfe, als er sich schon über die Existenz der Strahlen im klaren war und um sie auch im Bild festzuhalten. Die Aufnahmen waren zwangsläufig die Folge der schon Tage oder gar Wochen zurückliegenden Beobachtungen der seit dem 8. November gegenwärtigen Erscheinungen, nicht der Ausgangspunkt. Außerdem war Röntgen stets zu ehrlich, um etwas für sich in Anspruch zu nehmen, was einem anderen zugestanden hätte.

Möglicherweise hatte jener Gymnasiallehrer und spätere Universitätsprofessor Dyroff wirklich von dem Schüler Marstaller eine Aufnahme erhalten, die, wie er einräumte, bei seinem Wechsel nach München von Unbekannten vernichtet wurde. Bei den sich über lange Zeit hinziehenden Arbeiten Röntgens fiel wie in jedem Labor oder jeder Produktionsstätte mit Sicherheit genügend nicht zu verwertendes Material an, das folglich dem Papierkorb und dem Abfall übergeben wurde. Da dürfte sich Marstaller wahrscheinlich die Abbildung als Souvenir angeeignet haben, was ihm nicht zum Vorwurf gemacht werden kann. Man versetze sich nur in die Gedankenwelt des Hausmeisters. Er war gewissermaßen »Mitarbeiter« des zu internationaler Berühmtheit gewordenen Professors. Warum sollte er sich da nicht ein für die Veröffentlichung ungeeignetes Erinnerungsstück aufbewahrt haben? Undenkbar wäre allerdings, daß er gerade die Aufnahme, die der Beweis für seine Entdeckung sein konnte, aus der Hand gab und sie dann schließlich beim Lehrer seines Sohnes landete. Kein Entdecker wäre mit einem Dokument so fahrlässig umgegangen.

Das Verdienst Röntgens kann durch solche Querschüsse nicht geschmälert werden. Ihm selbst war es zu lästig, sich mit Gegendarstellungen abzugeben, obwohl ihn, wie er einige Male andeutete, ungerechtfertigte Angriffe schmerzlich berührten. Für die Bescheidenheit seines Wesens sprach die tiefe Abneigung gegen den Jahrmarktrummel, der sich um ihn herum abspielte. Er stieß ihn dermaßen ab, daß er der Öffentlichkeit gegenüber mehr und mehr auf Distanz ging. Unglücklicherweise war Röntgen, wie Margret Boveri schreibt, »nicht Herr über das, was mit seinem Namen geschah«.

### Ehrungen und Preise

Es gab noch eine andere Seite des Rummels, die jedoch ebensowenig den Beifall Röntgens fand. Wissenschaftliche, staatliche und wirtschaftliche Institutionen meldeten sich bei ihm an, um seinen Entdeckererfolg zu würdigen und – ein nicht unverständlicher Hintergedanke – kommerziell auszuwerten. Für

Röntgen bedeutete dies allerdings nur weitere Belastungen. Jeder Kongreß, jede wissenschaftliche Gesellschaft, ja selbst bürgerliche Vereinigungen wollten ihn als prominenten Redner oder wenigstens als Vorzeigeparadestück gewinnen. Fast im Laufschritt eilten die Besucher vom Hauptbahnhof zum Institut, um Röntgen anzutreffen und zu überzeugen, wie wichtig es sei, daß er persönlich ihrem Auditorium von seiner Entdeckung und deren Möglichkeiten berichte.

Hatte Röntgen die »Taufe« der Strahlen mit seinem Namen noch akzeptiert, auch wenn er selbst weiterhin von X-Strahlen sprach, so schrieb er den Physikern, die in Berlin einen Röntgenkongreß veranstalteten, in einem unmißverständlichen Brief:

»Nach Berlin zum Kongreß, der meinen Namen ohne meine Zustimmung trägt, komme ich selbstverständlich nicht; ich habe nicht begreifen können, daß meine Freunde mir das zugemutet haben.«

Woher auch immer aus aller Welt die Einladungen kamen, die sich auf seinem Schreibtisch türmten, er lehnte sie kategorisch ab und heizte mit den Zuschriften seinen Ofen.

Dennoch wäre er einmal fast wankelmütig geworden. Im Jahre 1902, ein Jahr nach der Nobelpreis-Verleihung, hatte er nämlich einer Vortragseinladung aus Stockholm zugesagt und um einen Termin gebeten. Letztendlich war Röntgen dann aber doch in seiner Haltung konsequent geblieben. Seine Frau Bertha schilderte es in einem Schreiben an die Freundin Lotte Schulz:

»...da kam von einem Comitée-Mitglied ein Brief als Antwort, in welchem ihm 3 Tage vorgeschlagen wurden, daß er selbst wähle. Betreffender Herr machte aber den Nachsatz, falls er überhaupt den Vortrag halten wolle, was ja keine Verpflichtung sei. Dies ließ sich mein Mann nicht zwei Mal sagen und schrieb zurück, daß er sehr dankbar für den Fingerzeig sei und unter diesen Umständen gerne verzichte...«

Obwohl Röntgens Entdeckung für die Technik und ganz besonders für die Medizin patentfähig gewesen wäre, verschwendete er an solche Überlegungen keinen Gedanken. Ganz anders sah die Sache in Wirtschaftskreisen aus. Bereits vor hundert Jahren waren die Amerikaner den Europäern im Finanzgebaren um Längen voraus. Sie witterten verständlicherweise das große Geschäft. Mit einem Millionen-Dollar-Gewinn wollte man Röntgen ködern, wobei sich die Gentlemen jenseits des Atlantiks natürlich eine noch größere Summe für die eigene Tasche ausgerechnet hatten. Aber dieser Professor in Old Germany dachte nicht ans Geld. Dennoch wandten sich Unternehmer aus den Vereinigten Staaten an den amerikanischen Generalkonsul in Frankfurt am Main mit dem Hinweis:

»Falls der Professor einer der hochherzigen Männer ist, die nur des Ruhmes halber arbeiten, so werden Sie ihn wohl zu der Einsicht bringen können, wenn er mit seiner Erfindung Geld verdienen kann, ihm der Ruhm nach wie vor bleibt. Darüber hinaus kann er aber dann noch das Geld für diesen oder jenen gemeinnützigen Zweck verwenden, und auf jeden Fall sollte er die ganze Sache nicht der Öffentlichkeit überlassen, ohne sich angemessene Rechte daran zu sichern...«

Wenn sich der Generalkonsul auch nicht vorstellen konnte, daß sich Röntgen mit merkantilen Gedanken tragen oder sich dazu überreden lassen könnte, so übersandte er ihm doch das Schreiben, merkte jedoch zusätzlich an:

»...daß es nach Ihrem Empfinden Ihre Stellung als Professor einer deutschen Universität nicht gestattet, in den Kreis der Erfinder mit der Vorstellung einzutreten, aus Ihrer Erfindung Gewinn zu ziehen.«

Und so war es auch. Röntgen konnte sich nicht mit der Idee anfreunden, sich an seiner Erfindung wirtschaftlich zu bereichern. Selbst den überzeugendsten Argumenten gegenüber blieb er konsequent bei seiner Ablehnung und erklärte, daß seine Strahlen der ganzen Menschheit zugute kommen sollten.

Aber auch in Deutschland wurde man hellhörig und erkannte die Möglichkeit, die X-Strahlen kommerziell zu vermarkten. Die große Elektrofirma AEG beauftragte Dr. Max Levy, sich mit Röntgen in Verbindung zu setzen und ihn zu einem Vertragsabschluß zu bewegen, wonach unter gewissen Bedingungen alle künftigen Entdeckungen und Erfindungen der AEG zukommen sollten. Levy hielt seine Kontaktgespräche mit Röntgen in einer Niederschrift fest. Darin heißt es, daß der Professor die Zusammenarbeit mit einem renommierten Unternehmen als durchaus sinnvoll erachte, sie jedoch aus der guten Tradition deutscher Wissenschaftler ablehne, seine Entdeckung vielmehr der Allgemeinheit zur Verfügung stellen müsse.

An dem Ruhm, der ihm von allen Seiten prophezeit wurde, war Röntgen nicht das geringste gelegen. Er drang nicht nur störend in seine Arbeit ein, die er, wie er in der zweiten *Mittheilung* andeutete, für Wochen unterbrechen mußte, er trug mehr und mehr zu einer Veränderung seines Wesens bei. Eine tiefe Scheu, ja beinahe Abscheu vor dem Lärm der Öffentlichkeit, vor dem Gehabe und Treiben um seine Person zwang ihn zu immer größerem Abstand von allem, was auf ihn einströmte. Als sich 1896 die Naturforscher und Ärzte zu einem großen Kongreß in Frankfurt am Main einfanden und Röntgen sogar den Ehrenvorsitz angetragen hatten, blieb dieser der Veranstaltung fern.

Der vorlesungsfreie März kam ihm wie gerufen, um dem Tumult aus dem Weg zu gehen. Röntgen und seine Frau hofften, im Frühling in der Toskana ein paar Tage Ruhe und Entspannung zu finden – ohne Trubel und Besucherscharen. Der Name Röntgen war indes südlich der Alpen hinlänglich bekannt. Dies bestätigte unter der Überschrift *Wenn man ein berühmter Mann ist* ein Artikel des »Bamberger Volksblattes«:

»Aus Florenz wird geschrieben: Professor Röntgen, der sich zur Zeit auf einer Reise durch Italien befindet, traf in Begleitung seiner Gemahlin in Florenz ein und wurde sogleich von sämtlichen Reportern der Stadt aufs Korn genommen. Seinem Hotelwirt hattte er auf die Seele gebunden, ihn vor allen Reportern und ungebetenen

Gästen zu schützen und überhaupt so wenig wie möglich Aufhebens von ihm zu machen. Aber leider, als der Entdecker der X-Strahlen von seinem ersten Spaziergang durch Florenz zurückkehrte, erwarteten ihn im Hotel 200 Studenten, die bei seinem Erscheinen in begeisterte Hochrufe ausbrachen, worauf dann einer von ihnen in gesetzter Rede die Verdienste des Professors um die Wissenschaft rühmte. Der deutsche Gelehrte antwortete väterlich, daß sie, alles erwogen, wohl besser getan hätten, die Vorlesung nicht zu schwänzen, um ihm eine weitere zwar schmeichelhafte, aber doch herzlich überflüssige Kundgebung darzubringen. Da aber trotz dieser Ermahnung von Seite der Studenten und anderer Leute weitere Kundgebungen geplant wurden, so hat Herr Röntgen alsbald Florenz verlassen.«

Trotz der vorübergehenden Flucht, trotz aller Abneigung und Reserviertheit konnte er sich vor den Beweisen der Bewunderung und den Ehrungen aus aller Welt nicht schützen. Sein Geburtsstädtchen, in dem sich die Stadtväter erst überzeugt hatten, daß er auch der richtige, dort geborene Röntgen sei, ernannte ihn 1896 zum Ehrenbürger. Würzburg und Weilheim, wo er sich ein Landhaus zugelegt hatte, folgten diesem Beispiel etwas später. Im Würzburger Rathaus am Ende der Domstraße war man sich einig, den Pleicher Ring, an dem das Physikalische Institut stand, in Röntgen-Ring umzubenennen. Andere Städte taten es Würzburg gleich. Der Spazierweg in seinem bevorzugten Ferienort Pontresina erhielt den Namen Röntgen-Weg. In Berlin hatte Reinhold Felderhoff ein Röntgen-Denkmal geschaffen, das seinen Platz an der Potsdamer-Brücke erhielt, aber 1942 einem Bombenangriff zum Opfer fiel. Im zaristischen St. Petersburg wurde ebenfalls ein Röntgen-Denkmal errichtet, das ausgerechnet durch deutschen Beschuß im Zweiten Weltkrieg beschädigt, aber rasch wieder aufgebaut wurde.
Otto Glasser hat allein neunundachtzig Ehrungen und Auszeichnungen, mit denen Röntgen überhäuft wurde, zusammengestellt. Sie kamen nicht nur aus Deutschland, sondern aus England, Frankreich, Österreich, den USA, Italien, der Schweiz,

Mexiko, den Niederlanden, der Türkei, aus Rußland, Schweden, Norwegen und Portugal. Die medizinische Fakultät der Universität Würzburg ernannte ihn zum Ehrendoktor. Kurz darauf erfolgte die Ernennung zum korrespondierenden Mitglied der Münchner Akademie. Weitere Mitgliedschaften in- und ausländischer Akademien schlossen sich an. Aus London traf die Rumford-Medaille der Royal Society ein, und die New Yorker Columbia University überreichte ihm die Bernard-Medaille. Bayerns Prinzregent Luitpold, am 21. März 1821 in Würzburg geboren, dessen Regentschaft von Zeitgenossen als »Belle Époque« gefeiert wurde, verlieh ihm den Verdienstorden der Bayerischen Krone, womit automatisch das Adelsprädikat »Ritter von Röntgen« verbunden gewesen wäre. Für derart erlauchte Titel hegte Röntgen jedoch keine Sympathie; er wies ihn zurück und legte Wert darauf, weiterhin der einfache Bürger Röntgen des Königreichs Bayern zu sein. Nicht der Prinzgent, aber andere Kreise, die eine gleiche Auszeichnung erhofften oder bereits in deren Besitz waren, nahmen ihm diese Ablehnung recht übel und legten sie ihm als eine unverzeihliche Geringschätzung adliger Exklusivität aus. Gegen die unausbleibliche Ernennung zum Geheimrat und zur Exzellenz konnte er sich schließlich nicht zur Wehr setzen, zumal ihn in seinen späteren Lebensjahren solche Beförderungen und Formalitäten kaum noch berührten.

Weitere Orden und Medaillen, die er sich an die Brust hätte heften können, waren der bayerische Kronenorden, britische und amerikanische Medaillen, er war Inhaber aller Stufen des Verdienstordens vom heiligen Michael, Komtur des Ordens der italienischen Krone, des Ordens Pour le mérite für Wissenschaft und Kunst, des preußischen Kronenordens II. Klasse, des Eisernen Kreuzes, des Maximiliansordens für Wissenschaft, der Mateucci- und Eliot-Cresson-Medaille. Die Technische Hochschule München zeichnete ihn mit dem Ehrendoktor aus, kurz darauf die Universität Frankfurt. Mit der Anbringung einer Gedenktafel am Physikalischen Institut in Würzburg – zehn Jahre nach der Entdeckung der Röntgenstrahlen – ehrten die bedeutendsten Physiker seine Arbeit. Sie schrieben Röntgen:

Sehr verehrter Herr Kollege!
In diesem Jahr läuft ein Dezennium ab, seitdem Sie der Menschheit die große Entdeckung Ihrer Strahlen geschenkt haben. Unserer Wissenschaft haben Sie damit eine neue Bahn gebrochen, auf der sie in kurzer Zeit zu großen Erfolgen vorgedrungen ist. Fast jedes Jahr hat durch die Verfolgung Ihrer Entdeckung dem Lichte wissenschaftlicher Erkenntnis neue und fundamentale Vorgänge zugeführt.
Dem Gefühle des Dankes möchten wir, im Namen und Auftrag der deutschen Physiker, dadurch Ausdruck geben, daß wir an dem Physikalischen Institut der Universität Würzburg, der Stelle Ihrer großen Entdeckung, eine Tafel mit der Aufschrift anbringen lassen:
IN DIESEM HAUSE ENTDECKTE
W.C. RÖNTGEN IM JAHRE 1895 DIE
NACH IHM BENANNTEN STRAHLEN
27. März 1905
L. Boltzmann, F. Braun, P. Drude, H. Ebert,
L. Graetz, F. Kohlrausch, H.A. Lorentz,
M. Planck, E. Riecke, E. Warburg, W. Wien,
O. Wiener, L. Zehnder.

Diese Tafel wurde später durch eine gleichlautende Inschrift in großen Lettern an der Straßenfront des Hauses ersetzt.


## Weiterhin Mensch sein – und Physiker

Mehr als öffentliche Ehrungen und Orden bewegte Röntgen die Anerkennung seiner Fachkollegen. Zu ihnen gehörte auch William Thomson – der spätere Lord Kelvin, nach dem die Einheit der thermodynamischen Temperatur benannt wurde –, der ihm am 17. Januar 1896 nach Erhalt der ersten *Mittheilung* zu seiner großen Entdeckung schriftlich gratulierte.
Unter den vielen Gratulanten befand sich auch Jan Willem Gunning aus Utrecht, bei dem Röntgen dreißig Jahre zuvor gewohnt

und zu dessen Buch er das schon zitierte kleine Repetitorium geschrieben hatte. Ihm antwortete er am 1. April 1896:

»Von den vielen Überraschungen und Glückwünschen, die mir in der letzten Zeit zuteil wurden, war mir kaum eine so wertvoll und so lieb wie die, welche Sie mir durch Ihre Karte vom 9. Februar bereiteten. Abgesehen davon, daß Ihre Worte mir beweisen, daß Sie sich meiner noch stets in Freundschaft erinnern, wiewohl ich durch mein Verhalten in den letzten Jahren darauf nicht mehr rechnen durfte, haben Ihre Zeilen mich von einem Bann erlöst, in dem ich allmählich mehr und mehr durch eigene Schuld gefangen war. Wie häufig habe ich in den letzten Jahren gedacht: wenn ich nur wüßte, ob die alte Freundschaft noch stark genug ist, so würde ich schreiben: Pater peccavi, nehmt mich wieder in Liebe auf! Ich wollte Ihnen schreiben, daß Ihr Platz in meinem Herzen niemals leer geworden ist, und daß ich niemals vergessen habe, wieviel Gutes ich Ihnen zu verdanken habe. – Doch ich scheute mich; das war unrecht, aber vielleicht begreiflich.

Auf Umwegen erhielt ich Nachricht von Ihrem Leben. Ich fürchtete, daß ein Ereignis eintreffen könnte, das mir nicht mehr gestattet, Ihnen meine Gefühle zu erkennen zu geben; aber alles dies genügte nicht, um meine Scheu zu überwinden. Gott sei Dank, das ist nun mit einem Mal durch Ihre Karte anders geworden, und Sie müssen es sich nun gefallen lassen, eine volle, lange zurückgehaltene Ladung zu erhalten.

Daß meine lieben, unvergeßlichen Eltern, die so stolz waren auf ihren Sohn, meinen Erfolg nicht mehr erleben durften, ist mir ein großer Schmerz. Daß aber die lieben Leute, welche nach meinen Eltern auf meine Erziehung den größten Einfluß ausgeübt haben, bei denen ich so lange wie ein eigenes Kind im Hause sein durfte, noch erfahren können, daß die Liebe und auch die Sorge, welche sie für respective um mich gehabt haben, doch nicht so ganz fruchtlos gewesen sind, das stimmt mich dankbar und freudig. Ich will nicht alles ausführlich schreiben, was ich Ihnen verdanke, doch seien Sie beide überzeugt, daß ich nicht das mindeste davon vergessen habe.«

Nicht Effekthascherei, nicht Sucht nach Ruhm und Geld, sondern die ehrliche Anerkennung der großen Physiker seiner Zeit sowie aufrichtige, ihm nicht schmeichelnde Freunde bestärkten Röntgen, wie er Wölfflin erklärte, in dem Vorsatz und Bewußtsein, Mensch zu sein und auch weiterhin zu bleiben. Wenn sich die Gelegenheit bot, kehrte er der Universität den Rücken und erlebte bei Wanderungen und bei der Jagd im Gramschatzer Wald bei Würzburg, dann in seinem Weilheimer Landhaus und bei steten Abstechern in seine unvergeßliche zweite Heimat, die Schweiz, die Geschenke der Natur. Dazu kamen Urlaub und Erholung in Baden-Baden, Badenweiler, Cadenabbia, Korfu, Rom und Santa Margherita.

Dieses Menschsein ließ er sich nicht nehmen. Selbst der erste Nobelpreis für Physik, der ihm am 10. Dezember 1901, zusammen mit Emil von Behring, der das Diphtherie-Serum entwickelt hatte, und Jacobus Henricus van't Hoff für dessen Untersuchungen der chemischen Reaktionskinetik, in der Stockholmer Musikakademie verliehen worden war, konnte ihn nicht berauschen. Auf dem anschließenden Bankett bedankte er sich zwar, hielt aber keinen Nobelvortrag wie die beiden anderen Laureaten. Schon bei der Ankunft in Stockholm hatte er seiner Frau nach Schilderung der stürmischen Überfahrt mitgeteilt, daß er auf schnellstem Wege wieder nach Hause kommen werde. Dies tat er auch. Den mit dem Preis verbundenen Geldbetrag von 50 000 Kronen vermachte er testamentarisch der Universität Würzburg, mit der Auflage, die Zinsen jährlich zu wissenschaftlichen Zwecken zu verwenden. Allerdings mußte er noch erleben, daß die Inflation dieses Geld, ebenso wie sein Privatvermögen, wertlos machte. Nach seiner Rückkehr von Stockholm – er war bereits seit einem Jahr in München – veranstalteten seine Mitarbeiter und Freunde eine Feier. Die Reaktion Röntgens auf die zahlreichen Lobeshymnen war typisch für ihn: Er danke zwar für die gute Absicht, sehe aber keinen Sinn, den

Teilnehmern der Veranstaltung zu wünschen, was ihm widerfahren sei. Sollte man meinen, solche Ehrungen und ein solcher Preis seien das große Los, so müsse jeder bedenken, daß nicht dieses große Los, jedoch das Forschen als höchste Freude wichtig sei. Beglückende Zufriedenheit und innere Genugtuung seien der wirkliche Lohn wissenschaftlicher Arbeit.

Röntgens Entdeckung hatte weltweit den Forschungsdrang der Wissenschaftler entzündet, nun jeder Strahlungserscheinung mit besonderer Sorgfalt nachzugehen, sie mit Hilfe der X-Strahlen zu untersuchen und vielleicht neue Entdeckungen zu machen. Ihre Erkenntnisse, ihre sachlich fundierten Publikationen und die Entwicklung technisch verbesserter Geräte ließen allmählich die phantasiegeschwängerten Artikel in den Tageszeitungen verstummen. Die Seriosität und Integrität des Physikers Röntgen gewann auf Dauer die Oberhand. So kehrte in den letzten Monaten des neunzehnten Jahrhunderts etwas Ruhe in Röntgens Leben ein.

Nach seinen drei Veröffentlichungen über eine neue Art von Strahlen setzte eine längere, fast zehnjährige publizistische Pause ein. Sie war gewiß kein Zeichen der Tatenlosigkeit oder gar geistiger Erschöpfung. Man sieht und schätzt Röntgen begreiflicherweise vornehmlich als Entdecker und berücksichtigt kaum, daß er in erster Linie Hochschulprofessor war. So bestand seine Aufgabe nicht nur aus der Forschungstätigkeit. Lehre und Förderung des akademischen Nachwuchses wurden von einem Professor verlangt, und da gab es für Röntgen reichlich zu tun. Denn nun drängten von überall die Studenten in seinen Hörsaal und in sein Institut, um sich beim berühmten Meister der Physik das Rüstzeug für ihren künftigen Beruf zu holen. Auch für die jungen Akademiker waren wie im Handwerk für Lehrling und Gesellen das »Markenzeichen« ihrer Ausbildungsstätte und deren Lehrherr ein entscheidendes Qualifikationskriterium. Ein Studium und erst recht ein Examen bei Röntgen waren die beste Empfehlung. Erwähnenswert ist in diesem Zusammenhang, daß Röntgen seine Vorlesungen nicht – wie man es von einem Universitätsprofessor annehmen könnte – mit zahllosen Fachbegriffen spickte. Sein Vortrag zeichnete sich durch einfache, für jedermann verständliche Worte, frei von aller Kompliziertheit, aus. Doch leicht machte es Röntgen seinen Studenten nicht. Er forderte ein Höchstmaß an Mitarbeit und hatte kein Verständnis für phlegmatisches Dahinbummeln. Einem Doktoranden hingegen ließ er viel Raum; denn wer unter seiner Obhut promovieren wollte, mußte schon lange den Nachweis wissenschaftlicher Befähigung erbracht haben. Er griff selten in die Dissertationen ein, so daß die jungen Wissenschaftler mit ihrem Thema oft Jahre hindurch beschäftigt waren, ehe es nach ihrer Meinung den notwendigen Schliff erhalten hatte, um der Zustimmung Röntgens sicher zu sein. Dann konnten sie auch mit einem zufriedenstellenden Ergebnis der nicht einfachen mündlichen Prüfung rechnen.

Auch wenn ihn Hörsaal, Institut und Laboratorium nicht beanspruchten, kannte Röntgen kein dolce far niente. Vielseitig waren seine Interessen, vornehmlich aber im weiten Feld der Naturwissenschaften Botanik und Zoologie. Da fand er in seinem Freund Theodor Boveri, der im benachbarten Physiologischen Institut arbeitete und lehrte, einen kompetenten Gesprächspartner. Der in Bamberg geborene Bruder des Begründers der bald weltbekannten Schweizer Elektrofirma Brown & Boveri hatte als hochqualifizierter Abiturient am Münchner Maximilianeum studieren dürfen. Von der Geschichte wandte er sich zur Medizin, um schließlich bei der Zoologie zu landen. Er hatte bereits die Bedeutung der Zentrosomen für die Zellteilung erkannt, als er 1893 Professor in Würzburg wurde, wo er die Chromosomentheorie der Vererbung begründete, den Einfluß des Plasmas auf die Keimentwicklung feststellte und die Entstehung maligner Tumoren auf der Basis atypischer Chromosomenverhältnisse erkannte. Mit seinen Experimenten in der Zellforschung legte er den Grundstein für die moderne Zytologie. Boveris Tochter Margret Antonie wurde erst nach dem Weggang Röntgens aus Würzburg geboren, blieb aber mit ihren Eltern dem Ehepaar Röntgen verbunden. Als Philologin und Historikerin war sie Mitarbeiterin bedeutender Publikationsorgane und erzielte neben zahlreichen anderen Büchern vor allem durch ihr vierbändiges Werk *Der Verrat im 20. Jahrhundert* große internationale Resonanz. Im vierten Band der Reihe *Die großen Deutschen* widmete sie dem Freund ihres Vaters einen Beitrag, »...weil ich unter den heute Lebenden Röntgen am nächsten gekannt habe«. Noch heute werden daraus einige Passagen zitiert, die sich vornehmlich mit dem Menschen Wilhelm Conrad Röntgen befassen.

Mehr und mehr bereitete Röntgen nun der Gesundheitszustand, hauptsächlich eine chronische Nierenerkrankung, seiner Frau Sorgen. Um Bertha von den häuslichen Pflichten weitgehend zu entlasten, engagierte er aus einer Landgemeinde nahe Würzburg ein Mädchen, Käthe Fuchs, als Hausangestellte – nicht ohne Skepsis, ob ein so junges Geschöpf in der Lage sei, einen Professorenhaushalt zu führen. Aber schon nach einigen Tagen belehrte ihn Käthe Fuchs eines Besseren. Nicht nur Fleiß, sondern auch ein ungewöhnliches Geschick machten sie schon nach kurzer Zeit zu einem unentbehrlichen Mitglied der Familie. Die Arbeiten im Haushalt und als Köchin am Herd erledigte sie mit jugendlichem Schwung und Eifer. Darüber hinaus lag ihr besonders das Wohlbefinden Bertha Röntgens am Herzen. Keine Stunde war ihr zuviel, um der von Zeit zu Zeit bettlägrigen Frau zu helfen und, falls der Professor abwesend war, mit eindringlichen Worten einen Ordinarius aus der medizinischen Fakultät ins Haus zu holen. Als Röntgen den Ruf nach München angenommen hatte, war es für ihn eine Selbstverständlichkeit, Käthe Fuchs als den guten Geist des Hauses mitzunehmen.

### Er war ein Schweiger

Trotz des ungeheuren Rummels um seine Entdeckung und seine Person hat Röntgen die Jahre in Würzburg rückblickend als die schönste und glücklichste Zeit seines Lebens bezeichnet. Lotte, die Tochter seines Freundes Franz von Baur, entwirft in ihren Erinnerungen ein Bild Röntgens außerhalb des Hörsaals und Instituts der Stadt am Main. Friedrich Dessauer zitiert Lotte von Baur:

»Da mich der Weg über Würzburg führte, wurden natürlich Röntgens einige Tage gewidmet. Das Wetter war herr-
lich und zog ins Freie. So fuhren wir am Abend hinaus
nach dem Rimparer Wald (eine Gemeinde nördlich von
Würzburg; Anmerkung des Autors), um auf den Anstand
zu gehen. Mäuschenstill setzten wir uns am Waldrand nieder. Die Sonne ging unter, die Nebel stiegen, der Wald
wurde immer bläulicher. Wir lauschten den vielen Stimmen der Natur, sahen die Rehe grasen, die Käuzchen hin-
und wieder fliegen, den Mond mit dem Nebel kämpfen.
Immer lauter schrien die Eulen, die Rehe schmälten, sonst
war alles Ruhe und Frieden. Fast war es dunkel, da endlich
ein Schuß. Gespannt hörten wir hin nach der Stelle, von der
er kam, doch alles blieb still wie zuvor. Da ein zweiter
Schuß, nun wußten wir, daß etwas getroffen. Hinunter
gings, der Waldwiese zu. Da hörten wir auch schon ein
fröhliches ›hopp, hopp‹. Bald erschien unser Jäger, beladen
mit einem feinen Bock. Es wurde ein Ast abgeschnitten und
wie Josua und Kaleb ihre Traube, so trugen Röntgen und
ich den Rehbock hinauf die Höhe bis an die Fahrstraße, wo
der Wagen auf uns wartete.«

Trotz seiner Sehschwäche war Röntgen ein guter Schütze. Die
Jagd, die Begegnung mit der Natur, bedeutete ihm viel. Es ging
ihm nicht darum, stets Beute nach Hause zu bringen. Er suchte
im Kleinen die große Welt, die Pflanzen und die Tiere. Mit
Schlapphut und Cape ausstaffiert, die eher einem Wildschütz
Jennerwein zugestanden hätten, streifte er durch sein Revier.
Kaum jemand vermochte in der schier ärmlich gekleideten Ge-
stalt einen Professor und späteren Nobelpreisträger zu erkennen.
Einen ganz anderen Eindruck hinterließ er in seinem berufli-
chen Metier. Ein amerikanischer Doktorand, Rev. J.P. Donahey
aus San Antonio in Texas, schrieb nach seiner Rückkehr in die
USA einen ausführlichen Artikel über Röntgen:

»In seiner physischen Erscheinung war Röntgen von schö-
ner männlicher Gestalt. Über sechs Fuß groß, mit breiten

Schultern, mächtiger Brust, wallendem Bart und Haar, mit blauen, durchdringenden Augen unter einer hohen Stirne war er das, was Shakespeare als ›the glass of fashion and the mold of form‹ bezeichnen würde. Er war stets gut gekleidet und elegant, ohne eine Spur von Nachlässigkeit oder schlampigem Auftreten, was man so oft mit einem zerstreuten Professor in Verbindung bringt. All dies zusammen machte Röntgen zu einer hervorragenden Erscheinung in jeglicher Gesellschaft. Dennoch mied er öffentliche Versammlungen. Nicht, wie manche glaubten, war dies ein Zeichen von Stolz, vielmehr war er, wie alle bedeutenden Menschen, eine Persönlichkeit aufrichtiger, intellektueller Menschlichkeit und frei des kleinsten Anzeichens von Eitelkeit. Trotz weltweiten Ruhmes und überhäuften Ehrungen blieb Röntgen ein hart arbeitender Professor... Von seinem Privatleben ist in der Öffentlichkeit wenig bekannt. Er war ein Schweiger und gehörte zu den echten Wissenschaftlern, die dem Publikum persönlich unbekannt sind und ohne an materiellem Gewinn interessiert zu sein, große Entdeckungen gemacht haben, denen die Menschheit so viel verdankt...«

Auch der texanische Reverend bestätigte, was bereits angedeutet wurde: Röntgens Vorlesungen forderten den Studenten volle Konzentration ab. Aber – wie schon erwähnt – nicht der Rhetorik wegen. Vielmehr mußte ein Hörer besonders gute Ohren besitzen, um noch von der vierten Sitzreihe ab den fast flüsternden Professor zu verstehen. Auch war Bücherweisheit für Röntgen fast unbedeutende Nebensache. Von seinen Examenskandidaten und Doktoranden verlangte er eigene Gedanken und Eigeninitiative; er wollte Ideen und Entwicklungsmöglichkeiten hören. Davon konnte auch der Amerikaner Donahey ein Lied singen. Doch konnte er auch in seiner Heimat mit berechtigtem Stolz sein Zertifikat als Ph.D. (Philosophy Doctor) vorweisen – erworben bei keinem Geringeren als Röntgen, der in den USA nicht minder berühmt war als in Europa.

# Panorama der Möglichkeiten

## Andere X-Strahlen und das Jagdgewehr

Zahlreiche Physiker des neunzehnten Jahrhunderts beschäftigten sich mit Kathodenstrahlen, mit Gasentladungen und elektromagnetischen Schwingungen. Sie experimentierten mit bekannten Apparaturen und bauten auf den schon vorhandenen Ergebnissen anderer Wissenschaftler auf. Längst ist bekannt, daß bei ihren Arbeiten mit Kathodenstrahlen auch X-Strahlen auftraten. Nur wußten sie nichts damit anzufangen; sie erkannten das Phänomen nicht oder erst, nachdem sie durch die Veröffentlichungen Röntgens auf die richtige Spur geführt worden waren. Den geradezu klassischen Beweis mußte der Engländer Goodspeed liefern. Er beobachtete schon 1890 nach der Demonstration einer Crookesschen Röhre auf dem entwickelten Negativ nahe der Röhre liegender Photoplatten zwei runde Scheiben. Doch fand weder er noch jemand unter den Teilnehmern dafür eine Erklärung. Mit der Verlegenheitsgeste eines möglichen Experimentierfehlers wurden die Platten in einem Schrank abgelegt. Damit waren sie erst einmal vergessen. Sechs Jahre danach, als die Entdeckung Röntgens wie ein Lauffeuer durch die Welt ging, erinnerte sich Goodspeed jener Platten, kramte im Schrank nach, fand und überprüfte sie und führte seine damaligen Experimente noch einmal durch. Es kam zu der gleichen Erscheinung und Goodspeed zu der Gewißheit, daß er damals eine entscheidende Gelegenheit verpaßt, daß er bereits vor Röntgen eine »Röntgenaufnahme« gemacht hatte.
Wie Goodspeed erging es auch anderen Forschern. Mehrfach stellten sie Schwärzungen auf Photoplatten fest, die in der Nähe von Kathodenstrahlenröhren deponiert worden waren. Aber keiner von ihnen war in der Lage, dieses Phänomen zu deuten oder gar experimentell zu belegen. Dies blieb Röntgen vorbehalten. Auch er glaubte zunächst an eine Erscheinung des Zufalls, begnügte sich jedoch nicht mit einer Hypothese, son-

dern machte sich auf die Suche nach dem Beweis. Doch obwohl Röntgen bewies, daß die Strahlen existierten, blieben sie weiterhin das große X des Unbekannten. Die Art der Strahlen zu entschlüsseln, sollte seinen Nachfolgern vorbehalten bleiben.

Röntgen hatte in einem Entwicklungsprozeß, der sich von der Erzeugung eines Vakuums durch Otto von Guericke bis zu den Gasentladungsröhren erstreckte, einen Höhepunkt erreicht, von dem aus das ganze Panorama weiterer Möglichkeiten sichtbar wurde. Er ließ es nicht dabei bewenden, neue Strahlen entdeckt zu haben und sich aufs physikalische Altenteil zurückzuziehen. Als Experimentator konnte er sich nicht gegen das innere Gesetz sträuben, alle Bedingungen und Chancen auszuschöpfen. Ein gutes Beispiel dafür liefert eine Stelle in seiner dritten *Mittheilung*, in der er berichtet, daß selbst sein Jagdgewehr zu einem Test mit den Strahlen herhalten mußte.

»Mit einer solchen sehr hart gewordenen Röhre habe ich von dem Doppellauf eines Jagdgewehres mit eingesteckten Patronen ein sehr schönes photographisches Schattenbild erhalten, in welchen alle Details der Patronen, die inneren Fehler der Damastläufe usw. sehr deutlich und sehr scharf erkennbar sind. Der Abstand der Platinplatte der Entladungsröhre bis zur photographischen Platte betrug 15 cm, die Expositionsdauer 12 Minuten.«

Diese interessante Aufnahme mit handschriftlichen Anmerkungen Röntgens verwahrt das Museum in Remscheid-Lennep. Mit diesem und noch weiteren Versuchen mit Metall hatte er der Technik eine neue Tür in die Zukunft aufgestoßen. Nun war es möglich geworden, mit Hilfe der Strahlen Materialprüfungen durchzuführen, wie sie bis dahin nicht denkbar gewesen waren.

## Moritz Jastrowitz und die anderen

An der bereits erwähnten Feststellung des Mediziners Friedrich Dessauer, daß die Röntgenstrahlen mehr Menschenleben gerettet hätten, als beide Weltkriege gefordert haben, ist nicht zu rütteln.

Die erste *Mittheilung* über Röntgens Entdeckung war noch druckfrisch, als sich die Medizin bereits mit dem Gedanken trug, die daraus erwachsenden Möglichkeiten für die Diagnostik auszuschöpfen. Am 1. Januar 1896 hatte Röntgen, wie bereits dargestellt, seine Sonderdrucke mit den Aufnahmen versandt. Am 4. Januar 1896, also nur Tage später, wollte Emil Warburg zum fünfzigjährigen Bestehen der Berliner Physikalischen Gesellschaft den Teilnehmern eine Besonderheit bieten und zeigte in der Jubiläumsausstellung Röntgens Photos; aber die meisten Besucher gingen vorüber, ohne die Aufnahmen zu beachten. Ganz anders reagierten die Mediziner. Zwei Tage nach dieser Ausstellung fand eine Sitzung des Berliner Vereins für Innere Medizin statt. Im Programm war ein Vortrag des Internisten und Psychiaters Moritz Jastrowitz angekündigt, mit dem Thema: »Die Roentgen'schen Experimente mit Kathodenstrahlen und ihre diagnostische Verwertung.« Jastrowitz hatte von Röntgen keine Sendung mit den Unterlagen erhalten. Er war aber mit dem Physiker Eugen Goldstein, Assistent an der Sternwarte Berlin, befreundet. Auch Goldstein hatte mit Strahlen experimentiert und sie bereits Kathodenstrahlen genannt. Er war es, der Jastrowitz Röntgens Text und Aufnahmen zur Verfügung gestellt hatte. Nicht so sehr das Holzkästchen, aber die »geröntgte« Hand hielt er gerade für den Mediziner für interessant.

Die schon von den Aufnahmen beeindruckten Sitzungsteilnehmer waren noch mehr erstaunt, als Jastrowitz seinen Vortrag mit den Worten einleitete:

> »Wenn ich Ihnen sage, daß diese Knochen nicht von einem Skelett, sondern am lebenden Menschen photographiert sind, so wird es fast wie Scherz und märchenhaft klingen.

Diese Aufnahme aber ist in der That am Lebenden erfolgt, und wie dies möglich ist, darüber möchte ich Ihnen nach einer vorläufigen Mittheilung des Herrn Professor Röntgen, welche in den Verhandlungen der physikalisch-medicinischen Gesellschaft zu Würzburg, Dezember 1895, erschienen sind, Einiges vortragen.«

Jastrowitz zitierte und erläuterte eine Reihe von Punkten aus dem Sonderdruck, um sein Referat mit dem Blick auf die Bedeutung der Strahlen für die Medizin abzuschließen:

»Für die Medicin ist die Sache augenscheinlich wichtig. Die Chirurgie dürfte daraus jedenfalls Vortheil durch Knochenphotographie am Lebenden ziehen. Fracturen, Luxationen, Auftreibungen, Fremdkörper wird man gut erkennen; ich mache auch auf die scharfen Umrisse der im Photogramm hellen Fingergelenke aufmerksam; man wird in die Gelenke hineinsehen können. Es ist auch möglich, daß wir im Innern des Körpers, in den Leibeshöhlen, falls die Strahlen deren Decken passiren, manche Veränderung erkennen werden, vielleicht dichtere Tumoren, welche für die X-Strahlen weniger durchlässig sind, zum Beispiel bei Darmverschluß die Kothstauungen, wodurch die Stelle des Verschlusses dem Auge deutlich würde.«

Jastrowitz, vorausschauend und überzeugt, wurde mit derartigen Schlüssen und Zukunftsperspektiven gleichsam zum Stoßtruppführer des Einbruches der Röntgenstrahlen in die Medizin, die gerade in der Reichshauptstadt dabei war, eine Sonderstellung zu beziehen. Am 8. Januar berichtete die »Vossische Zeitung«, das damals führende Berliner Blatt, in ihrer Morgenausgabe ausführlich über Jastrowitz' Vortrag, was, wie bereits bekannt, Wilhelm II. bewog, Röntgen zu sich zu bestellen. Das medizinische Fachorgan »Berliner Klinische Wochenschrift« stellte am 13. Januar fest, daß die neuen Strahlen zwar rein physikalischer Natur seien, ihre Verwertung in der Medizin aber augenscheinlich von immenser Bedeutung sein dürfte. Am

Abend des gleichen Tages referierte Jastrowitz erneut vor den Internisten des Vereins und anderen Interessenten. Diesmal konnte er nachweisen, daß es auch in Berlin gelungen war, Aufnahmen von den X-Strahlen zu machen. Sie waren jedoch rein physikalischen Inhalts und daher für die Medizin ohne Belang. Jastrowitz ließ sich und den Internisten keine Atem- und Denkpause. Als medizinischer Vorreiter und Bahnbrecher der Röntgenstrahlen stand er schon eine Woche darauf, am 20. Januar, erneut vor dem Gremium und spielte diesmal den Triumph seines Engagements aus. in seinem Auftrag hatte der Physiker Paul Spieß bei einem Arbeiter, dem Jahre vorher bei einer Explosion ein Glassplitter in die Hand gedrungen war, ausgezeichnete »Röntgen«-Aufnahmen gemacht. Jastrowitz' Kommentar zu den Photographien ist überliefert:

»Das, muß ich sagen, ist mir das Interessanteste gewesen von Allem, was bisher geleistet worden ist. Denn von verschiedenen, sogar nicht unbedeutenden Seiten wurde behauptet, die Röntgen'sche Entdeckung wäre von mir vorschnell als wichtige für die Medicin dargestellt worden. Hier ist der Beweis geliefert, daß das nicht der Fall ist, sondern daß ich Recht hatte, als ich damals an die Röntgen'sche Entdeckung gleich die Erwartung mir zu knüpfen erlaubte, daß die selbe von großer Wichtigkeit für die Medicin sei.«

Jastrowitz war gewiß kein Genie, aber in gewisser Beziehung ein »Spürhund« mit der unbezahlbaren Nase. Er sah die neue Entwicklung nicht nur voraus, sondern verwandte seine ganze Energie und Überzeugungskraft darauf, sie der Medizin zugute kommen zu lassen. Doch wie so mancher Steigbügelhalter bedeutender Ideen sollten auch er und seine Initiative schließlich in Vergessenheit geraten.
Aufzuhalten war die Entwicklung allerdings nicht. Die »Frankfurter Zeitung« hatte bereits am 7. Januar in ihrer zweiten Morgenausgabe dem breiten Leserpublikum mit der Nachricht von Röntgens Entdeckung die medizinischen Aspekte geliefert, die

zu jenem frühen Zeitpunkt, sechs Tage nach dem Versand des Sonderdrucks, als visionär bezeichnet werden müssen. Nach Erläuterung der Strahlen heißt es dort:

»Die Pfadfinder auf dem speziellen Gebiet der Photographie werden binnen kurzem der Entdeckung von allen Seiten auf den Leib rücken und Versuche anstellen, wie dieselbe vervollkommnet, wie sie praktisch verwertet werden könne. Für diese praktische Verwertung wieder werden sich die Biologen und Ärzte, insbesondere zunächst die Chirurgen, lebhaft interessieren, weil sich hier ihnen eine Perspektive auf einen neuen, sehr wertvollen diagnostischen Behelf zu öffnen scheint...
Vorläufig sei nur darauf hingewiesen, welche Wichtigkeit für die Diagnose von Knochenverletzungen und Knochenkrankheiten es haben würde, wenn bei einer weiteren, nur rein technischen Entwicklung dieses neuen Verfahrens gelingt, nicht nur eine menschliche Hand in der Weise zu photographieren, daß auf einem Bild die Weichteile nicht erscheinen, wohl aber eine genaue Zeichnung der Knochen. Der Arzt könnte dann zum Beispiel die Eigenart eines komplizierten Knochenbruches ganz genau kennenlernen ohne die für den Patienten schmerzliche manuelle Untersuchung; der Wundarzt könnte sich über die Lage eines Fremdkörpers im menschlichen Leibe, einer Kugel, eines Granatsplitters, viel leichter als bisher und ohne die oft so qualvollen Untersuchungen mit der Sonde unterrichten. Für Knochenkrankheiten, die auf keine traumatische Ursache zurückzuführen sind, wären solche Photographien, vorausgesetzt, daß die Verfertigung derselben gelingen sollte, ebenso ein wertvoller Behelf für die Diagnose wie bei dem einzuschlagenden Heilverfahren.
Und läßt man der Phantasie weiter die Zügel schießen, stellt man sich vor, daß es gelingen würde, die neue Methode des photographischen Prozesses mit Hilfe der Strahlen aus den Crookesschen Röhren so zu vervollkommnen, daß nur eine Partie der Weichteile des menschlichen Körpers

durchsichtig bleibt, eine tiefer liegende Schicht aber auf der Platte fixiert werden kann, so wäre ein unschätzbarer Behelf für die Diagnose zahlloser anderer Krankheitsgruppen als die der Knochen gewonnen.«

Am 22. Dezember 1895 hatte Röntgen die Aufnahme von der Hand seiner Frau gemacht und Abzüge dem Sonderdruck seiner ersten *Mittheilung* beigelegt. Das Bild der Hand mit dem scheinbar frei um den Finger herum schwebenden Ring bildete den Auftakt, nun überall vornehmlich Hände zu »röntgen«, war man doch vorläufig rein technisch noch nicht in der Lage, andere Körperteile auf die photographische Platte zu bannen. In Wien fertigte bereits am 17. Januar 1896 der Physiker Siegmund Exner eine Aufnahme an, die eine Fehlstellung der Mittelphalanx des Kleinfingers zeigte, die wohl auf eine Verletzung zurückzuführen war. Am gleichen Tag wurde weit im Norden, nämlich in Hamburg, die Hand des Physikprofessors Vollmer in seinem Physikalischen Institut aufgenommen. Auch in London, in Paris und in New York häuften sich nun die photographischen Aufnahmen mit X-Strahlen.

Zum Teil handelte es sich bereits um hervorragende Wiedergaben. Dies ermutigte die Mediziner, nun nicht nur rein anatomische Aufnahmen herzustellen. Den ersten pathologischen Schritt tat der Chirurg Franz König, der sich hauptsächlich mit Verletzungen und tuberkulösen Erkrankungen der Knochen und Gelenke befaßte; er demonstrierte der Medizinischen Gesellschaft in Berlin das Röntgenbild eines amputierten Unterschenkels, das am oberen Ende des Schienbeins ein Sarkom erkennen ließ. Diese Aufnahme hatte der bereits erwähnte Eugen Goldstein angefertigt. Bereits im Februar 1896 gelangen ebenfalls in Berlin gute Darstellungen von Gelenkrheuma und chronischer Arthritis, was einige Wochen später auch französische Professoren vorweisen konnten.

Röntgens Beschreibung seiner Experimente lieferte die Anweisung zur Konstruktion der erforderlichen Apparatur. Sie war im Grunde recht einfach und durch die vorhandenen Geräte in den physikalischen Laboratorien gegeben. Eine Vakuumröhre, ein

Funkeninduktor und ein Unterbrecher zusammengefügt, bildeten die wesentlichen Voraussetzungen. Das Deutsche Museum in München verwahrt Röntgens Originalapparat; getreue Nachbildungen im Röntgen-Museum in Lennep und im Arbeitszimmer des Professors in Würzburg ermöglichen dem Betrachter einen Blick um hundert Jahre zurück auf die einfache Ausstattung, mit der die Entdeckung gemacht wurde. In Zeitungsanzeigen der damaligen Zeit, die ebenfalls in Lennep einzusehen sind, priesen auch ausländische Firmen ihre Produkte zur Herstellung eines Röntgengeräts an, so in Paris »Materiel complet pour répéter les expériences du Professeur Roentgen« oder in Harrison im US-Staat New Jersey »X Ray Apparatus of all kinds«.

Die unentwegte Arbeit der Mediziner und ihr Drang, die Diagnose zu verbessern, mobilisierten nun auch die Physiker und Techniker. In erstaunlich kurzer Zeit wurde die Fokusröhre entwickelt, indem die Kathode eine Hohlspiegelform erhielt und ein Platinblech als Antikathode fungierte. Damit gingen die Strahlen nicht mehr vom Glas der Röhre aus, und man hatte sich auf diese Weise einer punktförmigen Strahlungsquelle genähert. Bereits im Jahr nach den ersten Demonstrationen mit X-Strahlen waren regenerierbare Röhren vorhanden. Auch die langen Wartezeiten bei den Aufnahmen konnten schon im Januar 1896 verkürzt werden, nachdem die italienischen Physiker Batelli und Garbasso die Anbringung eines fluoreszierenden Schirms direkt hinter der photographischen Platte beschrieben hatten. Die dadurch erzielte stärkere Lichtwirkung ließ die Arbeit schneller vonstatten gehen. In wenigen Wochen war die Röntgenapparatur auf einen Stand gebracht, der die Medizin in die Lage versetzte, systematischer und bereits diagnostisch erfolgreich zu agieren. Diesseits und jenseits des Atlantiks häuften sich die Nachrichten von erstaunlichen, bis dahin unmöglichen Untersuchungsergebnissen. In Kiel wies Hoppe-Seyler sklerotische und verkalkte Arterien in einem Bein nach. In Wien ließen Aufnahmen die Knorpelfugen zwischen Epiphyse und Diaphyse erkennen. Gallen- und Nierensteine wurden in Deutschland, Frankreich und England sichtbar gemacht, und in

Frankfurt gelangen erstmals Zahnaufnahmen. Dort wurden auch 1898 von den den Ärzten Kratzenstein und Feuchtwanger die ersten medizinischen Röntgenkabinette eingerichtet. Viele andere Städte konnten vergleichbare Erfolge aufweisen. An den Fakultäten konnten sich recht bald die ersten Vertreter des Faches Röntgenkunde, der modernen Radiologie, habilitieren.

Über das, was in der Praxis, in den Instituten und Kliniken erarbeitet worden war, sollte die Fachwelt informiert und zu weiterer Forschung angeregt werden. So erschienen bereits im Mai 1896 die ersten Fachzeitschriften, darunter in Deutschland »Fortschritte auf dem Gebiet der Röntgenstrahlen«. Gründer dieses Fachorgans war der Hamburger Arzt Heinrich Ernst Albers-Schönberg, zunächst praktizierender Mediziner, dann chirurgischer Privatassistent und im Medizinalamt der Hansestadt tätig. Schon 1897 gründete er mit seinem Kollegen Georg Deycke ein eigenes Röntgeninstitut. 1902 wählte man ihn zum Ehrenvorsitzenden der gerade gegründeten Abteilung für Röntgenologie der Gesellschaft deutscher Naturforscher und Ärzte, und ein Jahr danach richtete er am Hamburger Allgemeinen Krankenhaus St. Georg eine weitere Röntgenabteilung ein. Ein weiteres Jahr später wurde er in das Organisationskomitee für die Weltausstellung in St. Louis berufen. Seine dort ausgestellten »diagnostischen Platten« brachten ihm einen großen Preis und zwei goldene Medaillen ein. Von ihm mit initiiert, wurde 1905 die Deutsche Röntgengesellschaft ins Leben gerufen, die ihn auch zu ihrem Vorsitzenden wählte. Zur gleichen Zeit wurde er Professor und bei der Gründung der Hamburger Universität im Jahre 1919 erster Ordinarius für Röntgenologie in Deutschland.

Unter den vielen Wissenschaftlern, Ärzten und Physikern, die sich um die Entwicklung und Einführung der Röntgentechnik in der Medizin verdient gemacht haben, soll Albers-Schönberg stellvertretend für seine Kollegen genannt werden. Er war der Pionier der Röntgenologie, wie sie seitdem zu einer Abteilung der medizinischen Fakultäten geworden ist.

Als Physiker und für die Physik hatte Röntgen experimentiert. Doch schon wenige Tage nach dem denkwürdigen Abend des

126

8. November 1895 setzte nicht die Physik, sondern die Medizin zu einem Sturmlauf auf die Röntgenstrahlen an. Zwei Jahrzehnte später hatte die Verwendung der Strahlen durch die Medizin erstaunliche Fortschritte erzielt. Wenn sich auch am Grundprinzip der Röntgendiagnostik nichts änderte, so brachten die Techniker doch Geräte mit erheblichen Verbesserungen auf den Markt, die die Diagnostik revolutionierten. Zum siebzigsten Geburtstag Röntgens kam dies in der Glückwunschadresse der Medizinischen Fakultät der Universität Würzburg, die ihm das Ehrendoktorat verliehen hatte, zum Ausdruck:

»Excellenz! Empfangen Sie an Ihrem 70. Geburtstag die Glückwünsche der Medizinischen Fakultät der Universität Würzburg.

Ihr war es vergönnt, als erste aller medizinischen Fakultäten vermöge der von Ihnen gefundenen Strahlen einen Blick in die bis dahin verhüllten Tiefen des menschlichen Körpers zu tun und die ersten Anfänge der Entdeckung mitzuerleben, aus welcher der Medizin ein unentbehrliches wertvollstes Hilfsmittel erwachsen ist und welche in der gegenwärtigen Kriegszeit ihre höchsten Triumphe feiert.

Wir Deutschen sind stolz, daß einer der Unseren dieses große gemeinsame Gut, welches in weltumfassender Bedeutung über dem Zerwürfnis der Völker steht, der Welt geschenkt hat, wir Würzburger doppelt stolz, weil derselbe unserer Alma mater angehört hat.

Möge die Sonne noch nicht sinken, sondern für Excellenz noch eine lange Reihe glücklicher Jahre bevorstehen.«

Und am 22. Juni 1919 stellte die Preußische Akademie der Wissenschaften in ihren Glückwünschen zum fünfzigjährigen Doktorjubiläum Röntgens fest:

»Die eminente praktische Bedeutung der neuen Strahlen, welche von Ihnen sofort erkannt wurde, deren Ausnutzung Sie aber in edler Selbstlosigkeit der Allgemeinheit überließen, hat sich im ungeheuersten Maßstabe im Weltkrieg offenbart. Man darf mit Fug behaupten, daß Hunderttausenden von armen Verwundeten, Freund und Feind, durch die Früchte Ihrer Forschertätigkeit das Leben oder der Gebrauch ihrer Glieder erhalten geblieben ist. So verehrt Sie nicht nur die physikalische Wissenschaft als unsterblichen Meister, sondern die ganze Welt als ihren Wohltäter.«

## Vom Main zur Isar

Das Ende des neunzehnten Jahrhunderts war gekommen. Es verabschiedete sich mit der optimistischen Aufforderung »Laßt den Kopf nicht hängen...« aus Paul Linckes Operetten-Bestseller »Frau Luna«, mit dem Sieg des Rennwagens von Maybach-Daimler auf der Bergstrecke bei Nizza und den erfolgreichen Methoden, mit denen Robert Koldewey die Weltstadt des Altertums, Babylon, ausgrub. Schon reichen die Namen der vor dem letzten Stundenschlag jenes Jahrhunderts Geborenen bis in die Zeit nach dem Zweiten Weltkrieg: Erich Kästner aus Dresden, Elisabeth Langgässer aus Alzey, Gustav Heinemann aus Schwelm, Martin Heidegger aus Meßkirch und Gustav Gründgens aus Düsseldorf.
Ein neues Jahrhundert war angebrochen, eine Epoche gigantischen Fortschritts, aber auch zweier Weltkriege mit dem anklagenden Finale über Millionen von Gräbern. Auch für Wilhelm Conrad Röntgen wurde die an Ehrungen reiche Phase zu einem entscheidenden Abschnitt seines Lebens. Der große Physiker nahm Abschied von Würzburg, von der Universität und seinem Institut, in dem er einen Meilenstein in den Naturwissenschaften und für die Medizin gesetzt hatte.
Als die Hauptstadt des Freistaates Bayern im Jahre 1958 ihr 800jähriges Bestehen feierte, wurde Werner Heisenberg zum Redner des Festaktes bestellt. Dabei sagte er:

»Denn wenn der Name München erklingt, wer dächte da an die Nüchternheit der Naturwissenschaften? Bei diesem

128

Namen kommen andere Bilder in unseren Sinn. Die Ludwigstraße vom Siegestor zur Feldherrnhalle vom Sonnenlicht übergossen, der Blick vom Monopteros über die blumenübersäten Wiesen des Englischen Gartens hin zur Frauenkirche, ›Figaros Hochzeit‹ im Residenztheater, die Dürerbilder in der Pinakothek, der mit Skiern überfüllte Zug nach Schliersee und Bayrischzell, und schließlich das Bierzelt auf der Oktoberfestwiese, das mit dem bayerischen Löwen gekrönt ist. Das alles ist München. Aber was hat das mit den Naturwissenschaften zu tun?... Die Physiker Ohm und Steinheil begründeten eine wissenschaftliche Tradition, an der später Gelehrte von Weltruf wie Röntgen, Planck, Boltzmann, Wien, Sommerfeld weiter gestaltet haben.«

München wird zu einer weiteren Station in Röntgens Leben, hier waren ihm noch dreiundzwanzig Jahre Tätigkeit und schließlich der verdiente Ruhestand vergönnt. Im Jahre 1900 war München mit 490 000 Einwohnern eine zwar noch nicht einmal halb so bevölkerungsreiche Großstadt wie Berlin, strahlte aber als Stätte von Kunst und Kultur weit über Bayerns Grenzen hinaus. Der bedeutendste Wittelsbacher der Neuzeit, König Ludwig I. (1825–1848), ein begeisterter Philhellene und Vater des als Monarch in Griechenland gescheiterten Otto, hatte das Bild seiner Residenzstadt an der Isar geprägt. Von der neben der Residenz und dem Hofgarten stehenden Feldherrnhalle bis zum Siegestor schufen seine Architekten Klenze und Gärtner die nach dem König benannte Prachtstraße griechisch-antiken Vorbilds. Die Alte Pinakothek mit ihren Gemäldesammlungen, die Hof- und Staatsbibliothek, die Propyläen und weitere Bauwerke sollten das Abendland an die Schöpfungen und das geistige Erbe der Wegbereiter einer unvergänglichen Kultur erinnern. Vor dem Siegestor fügte das Gebäude der Universität ein weiteres eindrucksvolles Element in den Gesamtkomplex ein.
In dankbarer Anerkennung trug die Universität die Namen ihrer Förderer, Ludwigs I. und seines Sohnes Maximilian II. Sie sollte durch bedeutende Gelehrte der Gegenwart zu einem Zentrum von Forschung und Wissen werden.

Einer dieser bedeutenden Gelehrten des ausgehenden neunzehnten Jahrhunderts war Wilhelm Conrad Röntgen. Als international anerkannte Kapazität sollte er – so darf man wohl die
Münchner Vorstellungen interpretieren – der Universität und
der Stadt weiteren Glanz verleihen.

Berlin und Leipzig hatte Röntgen abgelehnt. Vielleicht mag der
Gedanke, aus der Provinz in die geistige Weite gerade dieser
Stadt zu wechseln, Röntgens Entscheidung für München beeinflußt haben. Am 1. April 1900 trat er sein Amt als Ordinarius
und Direktor des Physikalischen Instituts an. War er in Würzburg vornehmlich auf Korrespondenz mit anderen Physikern
angewiesen, so glaubte er wohl, in München mehrere Fachkollegen anzutreffen, mit denen er in Diskussionen weitere Anregungen für seine Arbeit erwarten durfte. Dort lehrte bereits
Max von Laue, der sich intensiv mit den Röntgenstrahlen befaßte und 1914 für seine Entdeckung der Beugung und Interferenz
dieser Strahlen durch die Gitterstruktur der Kristalle den
Nobelpreis erhalten sollte, Themen also, die ganz im Sinne
Röntgens und seiner Interessen lagen. Doch mehr als kollegialer
Kontakt, gar freundschaftliche Beziehungen wie in Würzburg
sollten Röntgen in München versagt bleiben. Das Wissen um
seine Berühmtheit hatte sofort eine Mauer des Respekts und des
Abstandes um ihn errichtet. Nicht förderlich war auch Röntgens Zurückhaltung in vielen Dingen und Gesprächen, so daß
niemand in seiner Umgebung die Scheu vor dem weltbekannten Professor abzulegen wagte. Daß Röntgen als Mensch und
nicht als prominente Figur gesehen werden wollte, dafür zeigte
niemand Gespür. So hielt man ihn für einen unnahbaren Son-
derling, der es sich zudem erlaubt hatte, den Landesherrn zu
brüskieren, indem er den ihm angetragenen Adelstitel von sich
wies. Dafür hätte so mancher liebend gerne ein halbes Vermögen aufgewendet.

Auch andere Charaktereigenschaften erhöhten nicht Röntgens
Beliebtheit. Gegen Unachtsamkeiten und Schlampereien in seinem Arbeitsbereich ging er mit aller Konsequenz und Härte
vor. Assistenten verwies er des Instituts, wenn sie ihre Plätze
unordentlich verlassen oder die Geräte nach Versuchen nicht

*Da er allen Wirbel um seine Person ablehnte, war Röntgen nur selten zu bewegen, sich fotografieren zu lassen. Diese Aufnahme zeigt ihn am Arbeitstisch im Würzburger Institut.* (Foto: Süddeutscher Verlag)

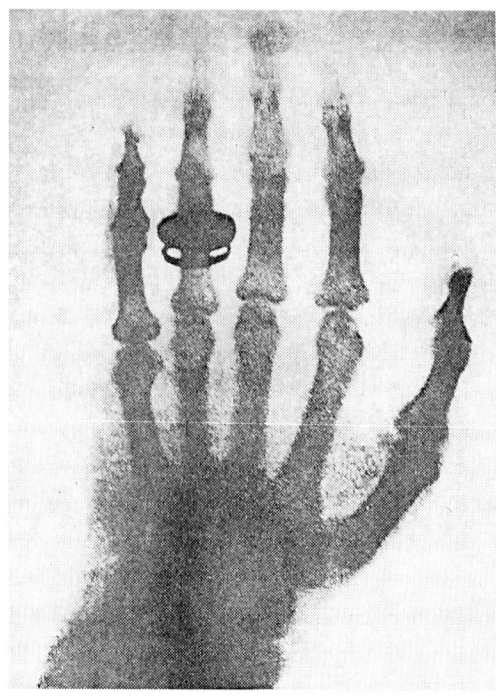

In seinem einzigen öffentlichen Vortrag demonstrierte Röntgen dem überfüllten Auditorium die Wirkung seiner Strahlen an der Hand des Anatomen Albert von Kölliker.

»Erstaunt und erfreut« würdigte der berühmte Lord Kelvin von der University Glasgow die »große Entdeckung« in einem Brief an Röntgen.

Den ersten Nobelpreis für Physik erhielt Röntgen 1895 in der schwedischen Hauptstadt. Wenig beeindruckt, unterließ er die übliche Ansprache vor der Akademie und reiste sofort wieder nach Hause.

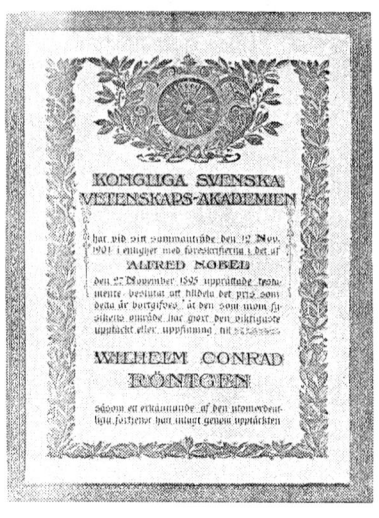

*So kannten die Münchner den Geheimrat Röntgen in seinen letzten Lebens-*
*jahren, als er nach dem Tod seiner Frau allein war, durch Krieg und Inflati-*
*on sein ganzes Vermögen verloren hatte, von einer neuen Physikergenerati-*
*on verdrängt worden und von der Krankheit bereits gezeichnet war.*
*(Foto: Süddeutscher Verlag)*

*An authentischer Stätte im ehemaligen Physikalischen Institut in Würzburg vermittelt das Röntgenkuratorium einen Ein-druck von Leben und Arbeit des großen Physikers (vorne rechts seine Büste).*
*(Foto: Süddeutscher Verlag)*

wieder gereinigt hatten. Röntgen war nicht immer der taktvolle, joviale Professor. Oft vermochten ihn geringe Anlässe in Zorn zu versetzen. Die schon bekannten Gerüchte über Lenards angebliche Strahlenentdeckung zogen Röntgens bedingungslose Ablehnung jenes Kollegen nach sich. Rigoros verbot er, das von Lenard kreierte Wort Elektron in seinem Institut oder gar in seiner Gegenwart auszusprechen. Elektron, so begründete er sein Verbot, sei das griechische Wort für Bernstein und habe mit Physik und Kathodenstrahlen nicht das geringste zu tun. Er konnte jedoch nicht verhindern, daß dieser Begriff außerhalb seines Bereiches Eingang in die Physik fand. Sein aufbrausendes und nahezu unhöfliches Temperament bekam auch ein Patentagent zu spüren, den ihm sein Assistent Ludwig Zehnder ins Haus gebracht hatte. Kurzerhand und fast taktlos zeigte er dem Besucher die Türe.

Ein einziges Mal und bereits in der Frühzeit seiner Ehe hatte auch Röntgens Frau zu spüren bekommen, daß ihn niemand von seiner Meinung abbringen konnte. Eine kontroverse Diskussion zu Beginn eines Spazierganges in der Schweiz unterbrach er abrupt, rief einen Zweispänner herbei, verfrachtete seine Frau in den Wagen und gab dem Kutscher Geld und Adresse zur Heimfahrt, um kommentarlos und allein seinen Wanderweg fortzusetzen. Sonst aber gehörte Röntgens ganze Liebe seiner »Berthel«. In der neuen Umgebung Münchens bedrückte es ihn um so mehr, als sich ihr Gesundheitszustand merklich verschlechterte. Die immer häufiger auftretenden Schmerzen, verbunden mit heftigen Nierenkoliken, fesselten auch ihn an ihr Krankenbett, so daß beide ihr Heim in der Maria-Theresia-Straße, einer schönen Wohngegend rechts der Isar, kaum zu einer Geselligkeit verlassen konnten. Diese schicksalhaft aufgezwungene Distanz zur Gesellschaft wertete man in Kollegenkreisen als Bestätigung für Röntgens Verschlossenheit, die, natürlich entsprechend ausgeschmückt, schon vorausgemeldet worden war.

Ins zweite Jahr der Münchner Zeit fiel die Verleihung des Nobelpreises. Es war das erste Mal, daß die Stiftung einen Preis für Physik vergab. Wie schon berichtet, war es hauptsächlich für die Wissenschaft und die Öffentlichkeit, weniger für Röntgen selbst eine glanzvolle Angelegenheit. Kurz und bündig nahm er die Auszeichnung entgegen, verschwand nach einer Dankadresse und ohne Rede aus Stockholm und vermachte die mit dem Preis verbundenen 50 000 Kronen der Universität Würzburg.

Aus der gesellschaftlichen Isolation wurden Bertha und Wilhelm Conrad Röntgen jedoch herausgerissen, wenn die »alten Würzburger«, Freunde vom Main, zu Besuch kamen, etwa Schoenborn oder die Familie Boveri. Dann war der oft grobe und abweisende Nobelpreisträger ganz Mensch mit herzlichen Freuden an Kleinigkeiten, an Späßen und am Kartenspiel. Im oberbayerischen Alpenvorland, zwischen Starnberger See und den Bergen, hatte Röntgen im Städtchen Weilheim ein Landhaus erworben und es zu einem »Stützpunkt« für die Jagd ausgebaut. Hier war er am liebsten mit den Freunden zusammen. Schon früh um halb vier Uhr marschierte er im Lodencape und mit Schlapphut hinaus in die Natur, weniger um zu schießen, als um sich als ein Teil der vom Tourismus noch nicht überschwemmten Welt der Wiesen, Wälder und Höhen zu fühlen. Röntgen erkannte überall die Hand Gottes. Er war gläubiger Christ und las jeden Sonntagvormittag seiner Frau aus der Bibel vor. In der späteren Zeit seines Alleinseins griff er ebenfalls gerne zu religiösen Schriften. Dies bestätigten auch Besucher, die solche Literatur auf seinem Schreibtisch erblickten und aus diesem Anlaß mit Röntgen ins Gespräch gekommen waren. Neben so manchem Wort des Trostes fand er darin seine eigene religiöse Anschauung widergespiegelt, die keine übertriebene Verinnerlichung oder gar Bigotterie war, sondern ein Gleichklang mit den für ihn unumstößlichen Werten des Geschöpfes Mensch.

Aus der Hektik der Großstadt München brachte die Eisenbahn Röntgen und seine Frau zum Weilheimer Landhaus. Wie sehr sich dieser Mann, den die Welt achtete und bewunderte, jugendliche Unbekümmertheit bewahrt hatte, wie er zu wandern, zu plaudern und zu lachen verstand, schildert Margret Boveri. Über ihren »Onkel Röntgen« schreibt sie:

»In Weilheim hatte Röntgen einen Zauberkasten, in dem sich unter anderem eine Sache befand, die er die ›vereinfachten X-Strahlen‹ nannte und mit Vergnügen vorführte. Es war ein kleines, hübsch gearbeitetes, längliches Holzkästchen, in dem vier Klötze mit den Zahlen 1 bis 4 nebeneinander lagen. Ich durfte die Klötzchen in eine beliebige Reihenfolge legen, während Röntgen zum Beweis, daß er davon nichts sehen konnte, im nächsten Zimmer verschwand. Dann kam er zurück und hielt eine leere Patronenhülse über das verschlossene Kästchen, schaute in die Patronenhülse und gab jedesmal die richtige Reihenfolge der Zahlen auf den Klötzchen an. Wenn ich dann in die Patronenhülse schaute, sah ich nichts. Die Auflösung des Rätsels war folgendermaßen: In den Klötzchen waren an den verschiedenen Seiten kleine Magnete angebracht (bei 1 oben, bei 2 unten, bei 3 links, bei 4 rechts). Nun hatte Röntgen zwei Patronenhülsen, eine für den Besucher, in der nichts zu sehen war, eine andere für sich selbst, in der unten ein kleiner Kompaß war...«

Fast jedes Jahr verbrachte Röntgen mit seiner Frau und alten Freunden aber auch Urlaubstage in der Schweiz oder in Oberitalien. Es ist ebenfalls Margret Boveri, die mit ihren Eltern stets zu diesem Kreis gehörte, die von diesen Erlebnissen zu berichten weiß:

»In Cadenabbia wurde am 27. März Röntgens Geburtstag mit seinen Lieblingsleckerbissen gefeiert. An Regentagen spielten die Herren in der Hotelhalle das schweizerische Kartenspiel Jaß; bei gutem Wetter war Röntgen die Seele aller Unternehmungen, organisierte die Tagesausflüge mit Dampfer- und Wagenfahrten und fand für die Rast die besten Quellen für Salami und durchwachsenen Speck. Die Natur war für ihn die große Freundin. Gleich seiner Frau kannte er alle wildwachsenden Blumen der Berge... Seine Liebe für Hochgebirgstouren entsprang, wie er selbst sagte, dem Wunsch des Physikers, der mit so gewaltigen Kräften und Massen zu tun hatte, ähnliche Kräfte im Hochgebirge ›selbst zu meistern‹. In seinem Alter, als er durch den Krieg von den geliebten Bergen abgeschnitten war, standen wir in München einmal am Wasserfall des Isarwehrs, und er sagte: ›Hierhier komme ich jetzt manchmal, und wenn ich die Augen schließe, ist mir beim Rauschen des Wassers, als sei ich wieder in den geliebten Schweizer Bergen und höre das Tosen eines Gebirgsfalles.‹«

Nicht nur zur optischen Darstellung seiner Entdeckung und weiterer Versuche, sondern auch außerhalb der Universität war die Kamera Röntgens steter Begleiter. Sehr schnell entwickelte er sich zu einem ausgezeichneten Photographen und hielt Urlaubsmotive in den Bergen, von seinem Landhaus und in geselliger Runde mit den Bekannten fest. Das Museum in Lennep zeigt eine Auswahl der von Röntgen gefertigten Bilder, Szenen aus seinem nichtwissenschaftlichen Alltag.

# Forschen bis zum Ende

## Die theoretische Physik bringt die Lösung

Der Abstand von der Großstadt in ländlicher Ruhe oder an den Urlaubsorten konnte immer nur ein Intermezzo sein; denn München war die Wirkungsstätte, wo man den berühmten Professor in den Vorlesungen hören und unter seiner Obhut im Institut arbeiten wollte. Seine eindrucksvolle Erscheinung und die Situation in dem neuen großen Institut belegt sein Assistent, der Russe Abraham Fiodorowitsch Ioffe, der dann bis 1951 Direktor des physikalisch-technischen und Halbleiter-Instituts der Akademie der Wissenschaften in Leningrad – seit 1991 wieder St. Petersburg – wurde und in der Sowjetunion als »Vater der Physik« gilt:

»In den Jahren, als ich ihn in München kannte, war er ein strenger ›Geheimrat‹ und dann ›Exzellenz‹, mit langen Haaren, mit einem großen halbgrauen Bart, der alleinherrschende Chef seines Instituts, das er vortrefflich organisierte. Zum Institut gehörte ein großes Auditorium und zwei kleine, das Praktikum für 100 Studenten und ungefähr 20 wissenschaftliche Mitarbeiter. Die Verwaltung bestand aus einem einzigen Assistenten. Als dieser Posten von mir versehen wurde, nahm er mich alles in allem wöchentlich zwei Stunden – am Sonnabend – in Anspruch. Außerdem gab es nur noch einen Hausmeister namens Weber, der gleichzeitig Geräte- und Sammlungsverwalter war und auch bei den Vorlesungen die Versuche vorführte, obwohl er keine physikalische Ausbildung besaß.«

Röntgen war mit Leib und Seele Experimentalphysiker – ein Kuriosum, wenn man bedenkt, daß er in seiner Studienzeit nicht eine einzige Vorlesung in Experimentalphysik gehört und nur durch August Kundt ohne diese Voraussetzung direkt mit der Praxis konfrontiert worden war.

Was ihm in Würzburg versagt geblieben war, konnte Röntgen nun in München realisieren: einen Lehrstuhl für theoretische Physik. Seinem Ansinnen wurde rasch und mit den notwendigen Mitteln stattgegeben. Da er das Vorschlagsrecht hatte, holte er den Göttinger Privatdozenten Arnold Sommerfeld als Professor für diese neue Disziplin. Röntgen hatte, forsch ausgedrückt, den richtigen Riecher; denn dieser junge Mann sollte ein besonders guter Griff für die Universität München und die Physik im besonderen werden. Im Vorwort seines schon in dritter Auflage erschienenen Buches *Vorlesungen über theoretische Physik* würdigt Sommerfeld den maßgebenden Einfluß Röntgens:

»Zweier Namen möchte ich im Rückblick auf meine Vorlesungszeit dankbar gedenken; der Namen Röntgen und Felix Klein. Röntgen hat nicht nur, durch Berufung in einen bevorzugten Wirkungskreis, die äußeren Bedingungen für meine Lehrtätigkeit geschaffen, sondern er hat deren wachsende Auswirkung durch lange Jahre hindurch mit förderndem Wohlwollen verfolgt...«

Der in diesem Zusammenhang genannte Felix Klein gehörte neben Riemann und Dirichlet zu den bedeutendsten Mathematikern in Göttingen. Unter seiner Anleitung entwickelte Sommerfeld seine mathematische Auffassung von der Physik und wurde zum Begründer der theoretischen Physik als eigener wissenschaftlicher Disziplin.

Röntgen selbst machte um die theoretische Physik, die er in Straßburg, wenn auch als eine Art Zwischenstufe, vertreten und für die er sich nun in München erfolgreich engagiert hatte, zwar keinen weiten Bogen, doch verhehlte er nicht eine gewisse Skepsis gegenüber wissenschaftlichen Gedankengängen in diesem Fach. Als Albert Einsteins Relativitätstheorie – neben der Entdeckung des Gesetzes des photoelektrischen Effekts – die Runde machte und dann 1905 mit dem Nobelpreis ausgezeichnet wurde, schrieb Röntgen, wie Streller überliefert, in einem Brief:

»Mir will es noch nicht in den Kopf hinein, daß man so ganz abstrakte Betrachtungen und Begriffe brauchen muß, um Naturerscheinungen zu klären; die Jugend denkt aber manchmal anders darüber, und es ist nur zu hoffen, daß sie sich nicht ganz in höchsten Sphären verliert, denn es gibt sicher noch unendlich vieles, das nur mit einfachen Mitteln entdeckt werden kann und entdeckt werden muß, um in der Erkenntnis der Natur weiterzukommen.«

Offen blieb für Röntgen immer noch die Frage nach dem wirklichen Charakter seiner Strahlen. Ohne Erfolg hatte er bei seinen Untersuchungen nach Interferenzerscheinungen geforscht, aber auch keine Antwort auf seine Vermutung, daß es sich um Longitudinalschwingungen des Äthers handeln könnte, herauszufinden vermocht. In seiner dritten Publikation über die X-Strahlen mußte er eingestehen, daß ihm seine Experimente keinen Aufschluß gegeben hätten:

»Seit dem Beginn meiner Arbeit über die X-Strahlen habe ich mich wiederholt bemüht, Beugungserscheinungen dieser Strahlen zu erhalten, ich erhielt auch verschiedene Male mit engen Spalten etc. Erscheinungen, deren Aussehen wohl an Beugungsbilder erinnerte, aber wenn durch Veränderung der Versuchsbedingungen die Probe auf die Richtigkeit der Erklärung dieser Bilder durch Beugung gemacht wurde, so versagte sie jedesmal, und ich konnte häufig direkt nachweisen, daß die Erscheinungen in ganz anderer Weise als durch Beugung zu Stande gekommen waren. Ich habe keinen Versuch zu verzeichnen, aus dem ich mit einer mir genügenden Sicherheit die Überzeugung von der Existenz einer Beugung der X-Strahlen gewinnen könnte.«

Diese Feststellung und vor allem der allmähliche Rückzug von den Forschungen nach dem Charakter seiner Strahlen mag fast wie Resignation klingen, die man bei Röntgen gewiß nicht erwartet hätte. Sicher, er hatte die Strahlen entdeckt und, was für die Wissenschaft von Belang war, in ihrer Wirkung erkannt und gedeutet. Doch konnte sich ein Physiker wie er damit auf Dauer nicht zufriedengeben. So hielt er in seinem Institut steten Kontakt mit Kollegen und Assistenten, die er dadurch gleichsam mobilisierte. Er mußte lange warten; denn erst siebzehn Jahre nach seiner Entdeckung wurde er von seiner Ungewißheit erlöst – durch die Theoretiker. Otto Glasser hat jenen Augenblick festgehalten:

»Wie groß muß die Bewegung des siebenundsechzigjährigen Gelehrten gewesen sein, als im Jahre 1912 ihn sein Kollege von Laue … bat, in seine Abteilung herüberzukommen, um einige Aufnahmen anzusehen, die die Assistenten Friedrich und Knipping unter seiner Anleitung gemacht hatten, und die, wie er glaubte, die Beugung von Röntgenstrahlen zeigten. Röntgen stürzte in das Institut für theoretische Physik hinüber, und Friedrich zeigte ihm den einfachen Apparat und die Photographien. Nachdem er der genauen Erklärung der Methode durch Friedrich zugehört und die experimentelle Bestätigung mit größter Aufmerksamkeit betrachtet und kritisch durchdacht hatte, erklärte er, daß er keinen experimentellen Fehler entdecken könne. Trotzdem zögerte er noch, die Aufnahmen als absoluten Beweis anzunehmen. Er gratulierte Friedrich und Knipping zu ihren Ergebnissen, meinte jedoch: ›Wissen Sie, ich glaube nicht, daß das Interferenzerscheinungen sind, es scheint mir etwas ganz anderes zu sein.‹ Bald darauf gewann jedoch auch er die Überzeugung, daß die Photographien tatsächlich Interferenzen darstellten, durch die nun den Röntgenstrahlen ihr Platz an der Seite des sichtbaren Lichts, der Ultraviolettstrahlung und anderer Teile des elektromagnetischen Spektrums angewiesen wurde.«

Das Zitat bestätigt erneut den Widerstand Röntgens, sich vorschnell zum Ergebnis eines Versuches zu bekennen. Nicht weil anderen das Experiment geglückt war, sondern weil er es gewohnt war, erst ganze Forschungsreihen abzuwarten, ehe er sich ein definitives Urteil bildete. Auch in diesem Fall ließ er sich nicht sofort überzeugen.

Was ihm selbst und anderen Physikern verwehrt geblieben war, konnte Max von Laue nun mit seinen Assistenten vorweisen. Zwei Jahre später, 1914, wurde von Laue für diese Entdeckung der Nobelpreis verliehen. Nicht allzuweit entfernt von Röntgens Geburtsort, nämlich in Pfaffendorf bei Koblenz, hatte von Laue 1879 das Licht der Welt erblickt. Während seines Physikstudiums interessierte ihn besonders die Optik, wozu er hervorragende Lehrer in Straßburg, Göttingen und München hörte. Intensiv befaßte er sich mit der Kristallographie, die ihn schließlich auf den Gedanken brachte, daß die kleinen Abstände im Raumgitter der Kristalle die gleiche Wirkung auf die Röntgenstrahlen haben wie die größeren Schichtabstände eines gewöhnlichen Beugungsgitters auf das sichtbare Licht. Unter seiner Anleitung gingen Friedrich und Knipping das Problem an. Im Juli 1912, fünf Monate nach den ersten Versuchen, konnte Sommerfeld von Laues Theorie der Bayerischen Akademie der Wissenschaften unterbreiten, worauf von Laue noch im gleichen Jahr den Ruf an die Universität Zürich annahm. Im Alter von einundachtzig Jahren verstarb er 1960 in Berlin. Seine Methode, seine zweibändige Arbeit zur Relativitätstheorie und sein nach ihm benanntes Diagramm wurden zur Grundlage einer Vielzahl von Untersuchungen.

Dieser Erfolg Max von Laues bestätigte die berechtigte Forderung Röntgens nach der Errichtung eines Lehrstuhls mit entsprechendem Institut für theoretische Physik an der Universität München. Und unter dem von Röntgen als ersten Ordinarius verpflichteten Arnold Sommerfeld sollte mit Werner Heisenberg ein weiterer Nobelpreisträger daraus hervorgehen.

Heisenberg ist es, der aus den Erfahrungen des eigenen Universitätslebens den verlockenden, für München typischen Dreiklang von Wissenschaft, Stadt und Umland zu zeichnen weiß:

»Wenn andere Universitäten etwa als Stätte des soliden Fachwissens oder als Ausgangspunkt neuer Entwicklungslinien in der Forschung berühmt wurden, so zeichnet sich die Wissenschaft in München vor allem durch eine menschliche Unmittelbarkeit und Lebendigkeit aus, die auf dem Nährboden einer sehr konservativen, im Katholizismus der heimischen Bevölkerung wurzelnden Geistigkeit erstaunlich gut gedeihen konnte. Die Sinnenfreude der bayerischen Barockkirchen hatte sozusagen ihr weltliches Gegenstück in der Freudigkeit, man kann fast sagen Heiterkeit der wissenschaftlichen Arbeit an den Hochschulen, und beide hingen in irgendeiner Weise zusammen mit dem Licht, das an Sonnentagen die Wiesen und Bergketten des südlichen Bayern überflutet. Diese Verbundenheit mit dem Land und mit den Bergen wirkte sich bis in das Leben an den Instituten und Seminaren hinein aus. So etwa, wenn mein Lehrer Sommerfeld mit einigen seiner jungen Physiker auf die Institutsskihütte am Sudelfeld zog, um dort Skilauf und wissenschaftliches Gespräch zu verbinden, oder wenn der oberste Raum im mächtigen Turm des physikalischen Instituts gelegentlich einer Faschingsfeier zur Skihütte erklärt wurde und der Turm daher von den Alpinisten nur von außen bestiegen werden durfte.«

Viele ernste Dinge, so auch die Wissenschaft, nahm man in München gerne von der heiteren Seite. Für Röntgen aber war nur wenig von dieser Sinnenfreude, der sich selbst die Wissenschaftler nicht verschließen wollten, zugänglich. Aus den schon bekannten Gründen verschanzte er sich hinter den Mauern des Instituts und seiner Wohnung. Die bald tägliche Hilfe für seine Frau ließ ihm kaum Gelegenheit, sich in den Rhythmus dieser Stadt einzugliedern, einer Stadt, in der eine neue Generation von Physikern herangewachsen war. Sie bereiteten in einer sehr realen Verbindung von lebendigem Alltag und dem Sinnen über das »Funktionieren« der Natur die geistigen Voraussetzungen für die Kernphysik.

## Wegbereiter des Atomzeitalters

Wir müssen noch einmal zu den ersten Tagen des Jahres 1896 zurückkehren, als Wilhelm Conrad Röntgens Entdeckung die Welt aufhorchen ließ. Seine Strahlen waren gleichsam zu einer Antriebskraft für alle Physiker geworden, nach Strahlen zu suchen und mit Strahlen zu forschen. Wo sich wissenschaftliche Neugierde und geistige Qualität zu vereinigen wußten, konnten revolutionäre Leistungen nicht ausbleiben. Dies sollte sich schon beinahe Augenblicke nach Bekanntwerden der X-Strahlen herausstellen.

Am Pariser »Muséum Nationale d'Histoire Naturelle« war Henri Becquerel (1852–1908) im Jahre 1895 als Nachfolger seines Vaters Edmond und seines Großvaters Antoine-César zum Professor ernannt worden. Wie überall elektrisierten die »rayons X«, wie Röntgens Strahlen im Französischen genannt wurden, auch die Gelehrten in Paris. In der zweiten Januarhälfte 1896 zeigte Henri Poincaré von der »Académie des Sciences«, der die Gießener Arbeit Röntgens spontan als »Courant de Roentgen«, als »Röntgenstrom« bezeichnet hatte, Becquerel eine Photographie von Röntgenstrahlen, die von einer Glaswand stammten. Becquerel war sofort überzeugt, daß fluoreszierende Körper unter Lichteinfluß eine den Röntgenstrahlen ähnliche Strahlungsart aussenden würden. Er machte sich gleich an die Arbeit und wählte unter zahlreichen phosphoreszierenden Substanzen die Uranylsalze aus, mit denen im Laboratorium des »Muséum« schon gearbeitet worden war und die anscheinend ungewöhnliche Eigenschaften zu besitzen schienen. Auf die Stationen der Versuchsreihen kann hier verzichtet werden. Von Bedeutung ist nur, daß Becquerel am 27. Februar 1896 auf einer Photoplatte vom Vortag einen Abdruck sah, der bestätigte, daß sogar im Dunkeln eine Strahlung emittiert wurde. Es war der Augenblick, da er die Radioaktivität des Urans erkannte. Diese Entdeckung wäre Becquerel nicht geglückt, hätte er sich nicht mit Röntgenstrahlen beschäftigt und sich nicht mit dem Gedanken getragen, vielleicht noch andere Strahlungsarten zu finden. Er hatte sie gefunden und nach Röntgen den zweiten

Schritt in eine Epoche getan, die mit der Atomphysik ein neues Zeitalter erschloß.

Dieses neue Phänomen, die Radioaktivität als Emission ionisierender Strahlen, legte Marie Curie (1867–1934), die Frau des Professors Pierre Curie (1859–1906) von der »École de Physique et de Chimie«, ihrer Dissertation zugrunde. In einem Schuppen arbeiteten beide unter primitiven Verhältnissen, da ihre finanzielle Lage ihnen kein richtiges Labor erlaubte. So waren sie für ihre Versuche darauf angewiesen, kostenlos Uranerzabfall aus einem böhmischen Abbaugebiet zur Verfügung gestellt zu bekommen. Bei ihren Untersuchungen der Strahlung des Urans kamen sie zu dem Schluß, daß in den Uransalzen ein unbekanntes chemisches Element vorhanden sein müsse, das besonders stark radioaktiv ist.

Das neue Element wurde Polonium genannt – Marie Curie war in Polen geboren, daher dieser Name –, und kurz darauf entdeckte das Ehepaar das Radium. 1903 erhielten die Curies, zusammen mit Becquerel, den Nobelpreis für Physik.

Wie Röntgen hatten Marie und Pierre Curie ihre Entdeckung nicht patentieren lassen, so daß sich die Industrie recht schnell die Erkenntnisse aneignete, besonders nachdem erstmals die physiologischen Wirkungen der Strahlen in eigenartigen Verbrennungen beobachtet worden waren. Wenig später gelang es, die Strahlen zur Abtötung schädlicher Stellen zu verwenden, und man begann, parallell zum Röntgenverfahren, mit der Strahlenbehandlung von Tumoren. Marie Curie, übrigens erste Hochschulprofessorin in Frankreich, durfte sich über ihr neugeschaffenes, großes Laboratorium nur wenige Tage freuen. Der Weltkrieg unterbrach ihre Arbeit. Dafür richtete sie mit besonderer Hingabe Röntgendienststellen in den Kriegslazaretten der Armee ein und beaufsichtigte sie bis zum Friedensschluß. Wie auf deutscher Seite die Militärärzte konnte sie durch ihre Tätigkeit einer großen Zahl verwundeter französischer Soldaten das Leben erhalten und den in den Schlachten Verstümmelten neue Hoffnung schenken. Nach dem Krieg, als in ihrem Labor viele in- und ausländische Gelehrte mitarbeiteten, konnte sie noch vor ihrem Tod die Genugtuung erfahren, daß ihre Tochter Irène

und ihr Schwiegersohn Joliot die künstliche Radioaktivität entdeckten.
Irène, die 1935 als Professorin an der Sorbonne den Nobelpreis für Chemie erhielt, schreibt zu Entdeckung des Poloniums und des Radiums durch ihre Eltern:

> »Man wußte von nun an, daß man von dem Tage, an dem es möglich wurde, die in den Atomen enthaltene Energie nach Wunsch freizusetzen, über eine unglaublich mächtige Energiequelle verfügen könnte.«

Und sie zitierte ihren Vater, der seinen Vortrag bei der Nobelpreisverleihung mit den Worten beendete:

> »Das Radium kann in verbrecherischen Händen sehr wohl gefährlich werden, und man darf sich mit Recht fragen, ob der Menschheit aus der Kenntnis der Geheimnisse der Natur ein Vorteil erwachse, ob sie reif ist für eine nutzbringende Anwendung, oder ob nur Schaden aus ihr entsteht. Das Beispiel Nobels ist in dieser Richtung kennzeichnend. Seine Sprengstoffe erlaubten es dem Menschen, bewundernswerte Dinge zu vollbringen. Sie stellten aber gleichzeitig ein schreckliches Zerstörungsmittel in den Händen derjenigen Verbrecher dar, die die Völker in den Krieg treiben. Ich gehöre mit Nobel zu den Menschen, welche glauben, daß die Menschheit mit den neuen Entdeckungen mehr Gutes als Schlechtes schaffen wird.«

Auf der Basis der neuen Errungenschaften wurde in den physikalischen und chemischen Instituten und Laboratorien weitergeforscht, zunächst zu rein wissenschaftlichen Zwecken. Joseph John Thomson, Max Planck, Charles Thomson Rees Wilson, Jean Perrin, Otto Hahn, Friedrich Strassmann, Lise Meitner, Ernest Rutherford arbeiteten nach diesem Grundsatz freier wissenschaftlicher Betätigung, bis dann die Politiker und Militärs Forscher wie Niels Bohr, Julius Robert Oppenheimer oder Enrico Fermi verpflichteten, eine Nuklearwaffe herzustellen.

Von Röntgens Strahlenentdeckung mit den Vakuumröhren bis zu den erforschten Voraussetzungen der Radioaktivität bedurfte es nur weniger Monate. Die Physik und ihre verwandte Wissenschaft, die Chemie, taten im Zeitraffertempo die von Heisenberg beschriebenen »Schritte über Grenzen«.

### Faszination Kristalle

Nachdem also nicht nur Röntgen, sondern zeitgleich Forscher in aller Welt mit Strahlung experimentierten, stürmten Physik, Medizin, Chemie und Technik in die ersten Jahre des zwanzigsten Jahrhunderts. Neue Disziplinen der Wissenschaft, um nur Strahlenphysik oder Röntgendiagnostik zu nennen, entstanden, und dem ersten, von viel Phantasie geprägten Überschwang, den das »Zauberwort« Strahlen ausgelöst hatte, folgten nun die Seriosität der Forschung und die Verfeinerung im Apparatebau. Während Röntgens Entdeckung die Ausgangsbasis für eine lawinenartige Weiterentwicklung auf dem Gebiet der Strahlen bildete, schlug der Entdecker selbst einen ganz anderen Weg ein. Hatte er 1907 in den Sitzungsberichten der Bayerischen Akademie der Wissenschaften noch eine Arbeit *Über die Leitung der Elektrizität in Kalkspat und über den Einfluß der X-Strahlen darauf* veröffentlicht, so widmete er sich danach völlig neuen Themen.

1912 bestimmte er den thermischen linearen Ausdehnungskoeffizienten von Cuprit (Kupfererz) und Diamant. Bereits siebenundsechzig Jahre alt, griff er schließlich einen neuen Forschungsbereich auf, der ihn schon immer interessiert hatte, die Lichteinwirkungen auf die elektrischen Eigenschaften der Kristalle. Den Anstoß dazu erhielt er von seinem Assistenten Abraham F. Ioffe. Dieser hatte die Beobachtung gemacht, daß der Strom in einem Steinsalzkristall genau dann zugenommen hatte, als Sonnenlicht ins Laboratorium gefallen war. Und noch etwas war Ioffe aufgefallen: Nur jene Steinsalzkristalle, die zuvor mit Röntgenstrahlen behandelt worden waren, zeigten diese Erscheinung. Der Skeptiker Röntgen ließ sich diese Entdeckung erst mehrfach demonstrieren, ehe er seinem Assistenten sagte: »Setzen wir uns zusammen an diese Untersuchungen!« Sie taten es, und im darauffolgenden Jahr konnte Ioffe in Röntgens achtundfünfzigster Publikation *Über die Elektrizitätsleitung in einigen Kristallen und über den Einfluß der Bestrahlung darauf* als Koautor in Erscheinung treten. Auch Röntgens letzte Veröffentlichung (1921) über das gleiche Thema erwähnt die anerkennenswerte Mitarbeit Ioffes, der bald danach in seine Heimat Leningrad zurückkehrte und dort seinem berühmten Lehrmeister ein Denkmal errichten ließ.

In hohem Alter hatte Röntgen in der Arbeit mit den ihn faszinierenden Kristallen ein Forschungsfeld gefunden, das ihn noch fast zwei Jahrzehnte lang beschäftigen sollte. Doch eine wirkliche Befriedigung in seiner Tätigkeit fand er in München nicht. Die Physik schien sich an ihm vorbei oder über ihn hinweg zu bewegen. Max Planck hatte seine berühmte Strahlungsformel gefunden. Seine Quantenhypothese wurde von Albert Einsteins lichtelektrischem Effekt abgerundet. Als 1913 das Wissen um die Atomspektren auf das Wirkungsquantum angewandt worden war, erhielt die Quantentheorie des Atombaues durch Niels Bohr und Arnold Sommerfeld eine überragende Bedeutung, mit der das Periodensystem der Elemente festgelegt werden konnte.

Röntgen hatte andererseits nicht abgeschaltet und sich auf einen Thronsessel erhabener Würde zurückgezogen. Selbstverständlich verfolgte er die Entwicklungen, die ihm bestätigten, daß seine Strahlen die Physik um einen weiten Schritt nach vorne gebracht hatten. Noch immer galt er als ein berühmter Großmeister seines Faches. Nach wie vor bemühten sich Universitäten um ihn. Unter den Angeboten hätte er sich beinahe für Leipzig entschieden. Ein erneuter Ortswechsel wäre jedoch für seine mehr und mehr kränkelnde Frau eine beträchtliche psychische Belastung gewesen, und mit Rücksicht auf sie schlug Röntgen den Leipziger Ruf aus und blieb in München. Zudem rückte der Zeitpunkt immer näher, da er von seinen amtlichen Verpflichtungen entbunden werden würde. Die Entscheidung, ob er

München oder einen anderen Ort als Alterssitz wählen sollte, nahm ihm jedoch der heraufziehende politisch-militärische Gewittersturm des Weltkrieges ab.

## Kriegs- und Schicksalsjahre

Imperialismus, Kolonialismus, gärendes Nationalbewußtsein der Volksgruppen in der benachbarten Donaumonarchie und wechselseitige Bündnisse der europäischen Staaten schürten das schon seit Jahren unter der Asche glimmende Feuer auf einen Großbrand hin. Es fehlte nur noch der auslösende Funke. Ihn lieferte das Attentat auf den österreichischen Thronfolger in Sarajewo. Die ersten Granaten, die ersten Toten – der Weltkrieg brach über Europa herein.

Er kenne keine Parteien mehr, sondern nur noch Deutsche, hatte Kaiser Wilhelm II. den Abgeordneten des Reichstages und dem Volk proklamiert. Ein Taumel patriotischer Begeisterung hatte die Mehrzahl der Bevölkerung erfaßt. Die Regimenter schienen von der Front und aus Paris, das man in einem sechswöchigen Sturmlauf nehmen wollte, als glorreiche Sieger heimzukehren. Der aus München in sein Stabsquartier abreisende Kronprinz Rupprecht, Befehlshaber der 6. Armee, wurde bereits als erfolgreicher Feldherr gepriesen. Doch nicht lange währte es, bis dieses militärische Abenteuer zu einem menschlich erschütternden Drama wurde, in dem sich besonders die beiden Kulturnationen Deutschland und Frankreich in sinnlosen Materialschlachten bis zur Erschöpfung ausbluteten.

Auch aus den Hörsälen und Instituten der Universitäten holte sich der Moloch Krieg seine Opfer. Wer keine Waffe in die Hand zu nehmen brauchte, mußte an der »Heimatfront« – in seinem Arbeitsgebiet – den zum propagierten Sieg erforderlichen Beitrag leisten. Im Auditorium und im Labor der Münchner physikalischen Fakultät war jeder gefordert. Professor Wilhelm Conrad Röntgen, mit neunundsechzig Jahren bereits im Emeritierungsalter, schloß sich nicht aus; er stellte sich weiterhin zur

Verfügung, hielt seine Vorlesungen und Übungen, auch wenn die Sitzreihen im Hörsaal stark gelichtet waren. »Gold gab ich für Eisen« – so lauteten die Parolen zur Aufforderung, Edelmetalle für die Finanzierung der Rüstung zu spenden und sich dafür eine eiserne Anstecknadel als »Orden« patriotischer Gesinnung ans Revers heften zu können. Auch Röntgen zögerte nicht und ließ seine goldene Rumford-Medaille einschmelzen. Und als Kaiser, Regierung und Militärs von der geistigen Elite im Deutschen Reich eine Solidaritätskundgebung erwarteten, setzte auch Röntgen seine Unterschrift unter das Treuebekenntnis der Intellektuellen zur gerechtfertigten Kriegsführung, während Albert Einstein sie verweigerte. Ob er hinter dieser Aktion tatsächlich innerlich stand oder in einer gewissen Kollegialität nur »Mitläufer« war, muß unbeantwortet bleiben. Zweifellos fühlte er sich in der allgemeinen Euphorie verpflichtet, den ihm möglichen Beitrag zu leisten. In späteren Aussagen bedauerte er diesen Schritt wie auch die Hergabe der wertvollen Rumford-Medaille.

Röntgen war sicher kein Hurrapatriot. Aber er achtete sein Vaterland und praktizierte seine Überzeugung, daß jeder auf seine Art zur Linderung der Not beizutragen habe. Den größten Teil seines beträchtlichen Vermögens, das er überwiegend vom Vater geerbt hatte, zeichnete er als Kriegsanleihe, was im Endeffekt nichts anderes als ein Geschenk bedeutete. Er brauchte diesen Entschluß jedoch nicht zu bereuen; denn die Inflation hatte auch noch den verbliebenen, immer noch ansehnlichen Rest wertlos gemacht. Die mit den Kriegsjahren wachsende Lebensmittelverknappung griff in jeden Haushalt ein. Auch Röntgens kleine Familie blieb davon nicht verschont. Sehr zum Kummer seiner Frau und seiner Hausangestellten Käthe Fuchs hatte er strikte Anweisung gegeben, daß kein Gramm mehr an Lebensmitteln auf den Tisch kam, als jedem Bürger zustand. Sein Ärger war groß, als er feststellen mußte, daß der Name Röntgen dafür benutzt worden war, um den Speisezettel aufzubessern. Immer wieder tauchte der Hausherr selbst in der Küche auf, griff zur Waage und prüfte, ob die pro Person zustehende Ration nicht um einige Gramm überschritten würde. Als ihm zu Ohren gekommen war, daß sich aus Brennesseln Gemüse und Salate herstellen ließen, fuhr er aufs Land, um das Kraut zu sammeln und es zu Hause für weitere Verwendung zu trocknen. Das Ergebnis waren wunde Hände, aber keine Bereicherung der Mahlzeiten. Alle diese Einschränkungen nahm Röntgen als selbstverständlich auf sich und war darüber hinaus noch betrübt, daß er dem darbenden Volk und den Soldaten an der Front nicht besser dienen konnte.

Alles war umsonst gewesen. Das Ende des Krieges brachte den Umsturz aller Werte. Und ins erste Nachkriegsjahr fiel ein weiterer schmerzlicher Schicksalsschlag in Röntgens Leben: die Krankheit seiner Frau Bertha hatte ein Stadium erreicht, das keine Hoffnung mehr auf Genesung zuließ. Ihr galt nun seine ganze Fürsorge. Da er es abgelehnt hatte, sie in eine Klinik zu bringen, verabreichte er ihr nach ärztlicher Anweisung selbst täglich fünf schmerzstillende Injektionen. Trotz regelmäßiger schwerer Nierenkoliken kam nur selten ein Laut der Klage über Berthas Lippen. Noch in dem sich abzeichnenden Ende versuchte sie, den Haushalt zu dirigieren und ihren Mann durch kein Wort zu beunruhigen oder ihn von seinen Verpflichtungen abzuhalten. Zehn Jahre nach der Hochzeit der Adoptivtochter Josephina Bertha wurde Bertha Röntgen im Alter von achtzig Jahren von ihrem Leiden erlöst. Obwohl Röntgen um die Unheilbarkeit ihrer Krankheit wußte, traf ihn der Verlust seiner Gattin sehr schwer. An Frau Boveri schrieb er:

»Wie war sie stolz auf mich, und doch hat sie sich nicht verleiten lassen, den Ruhm ihres Mannes für sich zu mißbrauchen, wie es manche Frauen tun.«

### Heimgang aus der Einsamkeit

Fünf Monate nach dem Tod seiner Frau und vier Tage nach seinem fünfundsiebzigsten Geburtstag – am 1. April 1920 – wurde Röntgen von seinen Verpflichtungen als Universitätsprofessor entbunden. Ein Jahr später erschien seine letzte wissenschaftliche Arbeit über Kristalle in den *Annalen der Physik.*

Nach außergewöhnlichen beruflichen Erfolgen, nach Ruhm und internationalem Ansehen hätte er sich Ruhe, Beschaulichkeit und einen wirtschaftlich gesicherten Lebensabend vorgestellt. Jagd und Hege, die lebendige Natur, die innige Verbundenheit mit seiner Frau und der unkomplizierte, gleichwohl anregende Freundeskreis waren Röntgens Alltagsfreuden gewesen, wenn er sich einmal von seinen Experimenten hatte trennen können. Diese Erfüllung hatte er sich auch für die Jahre des Alters gewünscht. Was aber war ihm geblieben? Seine Pension war die einzige wirtschaftliche Grundlage; denn Krieg und Nachkriegszeit hatten das vom Vater geerbte Vermögen, besonders die Beteiligung an ausländischen Unternehmen, aufgezehrt. Den Rest schluckte die sich schon abzeichnende Inflation, deren billionenfache Eskalation ihm dann erspart blieb. Die Freunde waren bereits unter der Erde, seine geliebte Bergwelt der Schweiz fern und mit immer wertloser werdendem deutschem Geld schier unerreichbar geworden. Die Natur nahe seinem Landhaus in Weilheim schien ihn zu verhöhnen; denn es fehlten die stille Zuneigung seiner Frau und die heitere Runde der Freunde. In der Großstadt München, in der der erste Auftrieb des neuen Lebens der zwanziger Jahre zu spüren war, blieb Röntgen ein einsamer Mann. Wenn er einmal sein Haus verließ, so zog ihn nicht die Betriebsamkeit der lauten Straßen oder der berühmten Bierkeller an. Nur wenige Schritte benötigte er, um am Ufer der Isar seinen Erinnerungen nachzuhängen.

Und diese Erinnerungen riefen ihm seine glücklichste Zeit zurück. Würzburg war es, nicht nur die Stadt seines größten wissenschaftlichen Erfolges, sondern auch der Ort privater Zufriedenheit und eines erfüllten Daseins. Er suchte Würzburg noch einmal auf. Mit dem schon fast ganz ergrauten Bart, einem in die Stirn gezogenen Hut und dem hochgestülpten Mantelkragen hoffte er von niemandem erkannt zu werden, als er den Bahnhof verließ und am Glacis entlang zu seinem einstigen Institut mit der darüberliegenden Wohnung schritt. Er läutete an der Türe. Aber selbst in einem solchen Aufzug konnte der berühmte Professor Röntgen nicht inkognito bleiben. »Herr Geheimrat«, begrüßte der neue Hausmeister den Besucher, doch dieser eilte schon die wenigen Schritte zu seinem Laboratorium. Gefühle, Erinnerungen und Realität stürmten wohl auf ihn ein; denn wo er drei Jahrzehnte zuvor mit einem Funkeninduktor und einer Hittorfschen Röhre, mit einfachen Apparaten und selbstgebauten Geräten experimentiert hatte, war die Entwicklung nicht stehengeblieben. Neue Apparaturen, moderne Einrichtung der Räume – nur er selbst schien noch an die Ära Röntgen zu erinnern. »Darf ich den Herrn Geheimrat dem Herrn Professor melden?« fragte der zaghaft gefolgte Hausmeister. Ohne Antwort hastete Röntgen hinaus, über die Wendeltreppe zum Botanischen Garten, wo er so oft seinen Freund Boveri aufgesucht hatte. Doch so fremd wie das Institut waren auch die Menschen in den Gängen und nebenan in der Botanik – die glücklichen Jahre ließen sich nicht mehr aus der Vergangenheit heraufbeschwören.

Im Nordosten der Stadt war ein gewaltiger Klinikkomplex, das Luitpoldkrankenhaus, entstanden, damals eines der größten Krankenhäuser in Deutschland. Professoren und Oberärzte diagnostizierten mit modernen Röntgengeräten. Doch kaum einer von ihnen dachte noch an den alten Gelehrten, der ein Vierteljahrhundert zuvor in dieser Stadt die Strahlen entdeckt hatte, mit denen sie nun wie selbstverständlich arbeiteten. Das Rad der Geschichte ließ sich nicht mehr zurückdrehen. Und so strebte der große Entdecker gleich einem Traumwandler, der erfolglos die beglückende Zufriedenheit von einst gesucht hatte, wieder dem Bahnhof zu, wo bereits der Schnellzug nach München wartete.

Auch der bereits eingangs geschilderte letzte Besuch der Schweiz mit Wölfflin war trotz der Begegnung mit der vertrauten Landschaft nicht Wiederholung glücklicher Tage. Obwohl in der Freund begleitete, ließ ihn dieser Abschied ebenfalls seine Einsamkeit spüren. Nicht zu überspielende Altersbeschwerden, Asthma und erste Signale einer Darmerkrankung hinderten ihn, wie einst einen Gipfel zu erklimmen. Mit weniger strapaziösen Spaziergängen auf gepflegten Wegen mußte er vorliebnehmen.

War sein Geist auch ungebrochen, der physischen Belastbarkeit waren Grenzen gesetzt.

Den rauhen und kalten Wochen Anfang 1923 wollte Röntgen entfliehen. Ein schon immer gehegter Wunsch, die Sonne der geschichts- und kulturreichen Mittelmeerinsel Sizilien zu genießen, sollte im Februar verwirklicht werden. Zur Vorbereitung dieser Reise war Röntgen Ende Januar aus seinem Landhaus von Weilheim nach München zurückgekehrt. Da fesselten ihn am 4. Februar heftige Schmerzen im Darmtrakt ans Bett. Seine treue Haushälterin Käthe Fuchs versorgte nach Frau Bertha nun auch den erkrankten Professor. Sechs Tage und Nächte verbrachte sie fast ständig an seinem Krankenlager. Als der vom Hausarzt hinzugezogene Chirurg Ernst Ferdinand Sauerbruch eintraf, war Wilhelm Conrad Röntgen bereits dem Darmkrebs erlegen. Die in alle Welt versandte Todesnachricht lautete:

»Heute früh halb 9 Uhr verschied nach kurzer
Krankheit im 78. Lebensjahr
Exzellenz Geheimrat Professor
Dr. Wilhelm Conrad Röntgen
In tiefster Trauer
Die Verwandten und Freunde
München, den 10. Februar 1923
Die Einäscherung findet am Dienstag, dem
13. Februar 1923 vormittags 10 Uhr im östlichen Friedhof statt.«

Käthe Fuchs schilderte in einem von Friedrich Dessauer überlieferten Brief an Wölfflin die letzten Stunden des großen Gelehrten:

»Sehr geehrter Herr Professor!
...Als ich damals 17jährig ins Haus kam, war Herr Röntgen 53 Jahre alt, es war drei Jahre nach der Entdeckung der Röntgenstrahlen. Er stand damals auf der Höhe seines Ruhmes. Ich kann mich noch deutlich an den schönen großen Mann erinnern, der mich frisch vom Land' recht

mißtrauisch betrachtete. Und ich habe damals gewiß nicht bedacht, daß ich es einmal sein werde, die allen beiden die Augen zudrücken würde. Sie wollen noch einen Bericht über die letzten Tage von Herrn Geh.-Rat Röntgen. Er war bis Ende Januar in seinem Weilheimer Häuschen, sein Befinden schien mir unverändert. Auch die erste Februarwoche in München zeigte keine Veränderung. Am Morgen des 7. Februar rief er mich sehr früh und klagte über große Schmerzen im Leib. Ich rief sofort den Arzt, der sehr erschrocken war über das verfallene Aussehen und ihm ein schmerzlinderndes Mittel gab. Am Nachmittag fühlte sich Herr Geh.-Rat besser. Er war ganz munter, saß auf seinem Sessel im Schlafzimmer und versuchte zu lesen. Am Abend kam noch Professor Müller mit dem Hausarzt. Auf meine Frage, ob ich vielleicht Frau Boveri rufen solle, sagte der Arzt, er würde es selbst tun, wenn es nötig sei. Auch Herr Geh.-Rat Röntgen wollte weder Krankenbesuch noch eine Pflegerin. Die Nacht war schlecht, es kam dauerndes Erbrechen (Ileus) und fortschreitende Schwäche. Ich blieb im Zimmer bei ihm. Der ganze Tag des 9. Februar war sehr schlecht. Der Arzt blieb lange Zeit beim ihm. Alle anderen Besuche lehnte er ab, auch eine Krankenschwester.

Ich fragte am Abend, ob das Herz noch in Ordnung sei. Er sagte: ›Das Herz hält aus.‹ Die Nacht war sehr schlecht. Schwäche und Unruhe wechselten ab. Er wollte aus dem Bett und saß lange auf dem Sessel, dann half ich ihm wieder ins Bett, aber immer war er dankbar für jede Handreichung und sagte wiederholt, wie gut er's habe. Gegen Morgen telefonierte ich dem Arzt. Er blieb nicht lange bei ihm und eilte fort. Ich ging sofort wieder zu ihm, er war sehr unruhig. Ich versuchte, ihn zu beruhigen, da versuchte er zu lächeln, drückte mir die Hand und verschied ohne jeden Todeskampf.«

Ein arbeitsreiches, von Erfolg und hohem Ansehen gekröntes Leben war erloschen. Doch das Wirken des großen Geistes Wilhelm Conrad Röntgen reichte über seinen Tod hinaus. Noch zu

Lebzeiten hat er die Entwicklung und den Segen seiner Entdeckung verfolgen dürfen. Doch die breite Öffentlichkeit, in den Nachkriegswirren auf das eigene Wohl bedacht, nahm kaum Notiz von seinem Tod. Im Grab seiner Eltern auf dem Friedhof von Gießen wurde die Urne mit den sterblichen Überresten Röntgens beigesetzt. Die Stadt Gießen, die ihn neben Justus von Liebig zu den Großen ihrer Universität rechnet, ist sich der ehrenvollen Verpflichtung bewußt, die letzte Ruhestätte bis auf den heutigen Tag in ihre Obhut zu nehmen.

Röntgens Schüler, Assistent und Mitarbeiter Ioffe, der inzwischen zu hohen wissenschaftlichen Ehren in der Sowjetunion aufgestiegen war, konnte die geistige Basis, die er im Münchner Institut seines Meisters erworben hatte, nicht vergessen. Er beauftragte den Bildhauer V.A. Sinaiskij, eine Bronzebüste Röntgens zu fertigen. Zu dessen fünftem Todestag, am 17. Februar 1928, wurde diese Büste in der Röntgenstraße von Leningrad, gegenüber dem Haupteingang des Staatsinstitutes für Röntgenologie und Radiologie aufgestellt. Hungerblockade, Bombardements und unablässiger Artilleriebeschuß durch die Deutsche Wehrmacht im Zweiten Weltkrieg sollten die Millionenstadt an der Newa in die Knie zwingen. Als im März 1942 das Denkmal durch eine deutsche Granate vom Sockel gerissen wurde, errichteten die Bewohner der Stadt trotz ihrer Sorgen um die nackte Existenz die Büste bereits am darauffolgenden Tag wieder. Noch vor Kriegsende, im Jahre 1944, wurde sie renoviert.

Selbstlos und ohne einen Gedanken an materiellen Gewinn hatte Röntgen seine Entdeckung der ganzen Menschheit zur Verfügung gestellt. Marie Curie hatte im Ersten Weltkrieg durch Röntgeneinrichtungen französische Soldaten gerettet. Ob in Pearl Harbour, in Tokio, in Tunis oder zwischen dem Atlantik und der Weite Rußlands – über alle Fronten des Hasses hinweg erhellte jene Nacht der Strahlen, der 8. November 1895, das Dunkel menschlicher Hilflosigkeit. Abertausenden von verwundeten und erkrankten Soldaten aller Armeen wurde durch die Röntgeneinrichtungen in den Kriegslazaretten oder in Krankenhäusern geholfen, ebenso wie den unzähligen verletzten

Opfern unter den Bewohnern der Städte, die in den Bom-
bennächten zertrümmert wurden. Die »Flagge der Humanitas«,
wie Peter Bamm, selbst Chirurg im Feld, die Arbeit der Ärzte im
Kriegseinsatz nennt, mußte heilen, was sinnloses Schlachten zu
vernichten trachtete.

# Nach Röntgen
# bis in die Gegenwart

## Die Physik spezialisiert sich

Eine Vielzahl von Entdeckungen und Erfindungen bildete die Voraussetzung für Röntgens Arbeit und Erfolg. Ihre Auswirkungen gingen in die Geschichte als Grundlagen einer wissenschaftlichen und technischen Entwicklung ein, mit denen die Menschheit der Gegenwart mehr oder weniger unbewußt lebt. Geradezu selbstverständlich nehmen wir die Physik den ganzen Tagesablauf hindurch in Anspruch: wenn wir morgens die batteriegespeiste Zahnbürste benutzen, die Morgennachrichten im Radio hören, uns mit dem Auto oder Bus auf den Weg zur Arbeit begeben, im Büro den Computer einschalten, abends zur Fernbedienung des Fernsehgerätes greifen und nicht zuletzt, wenn wir bei einer ärztlichen Untersuchung geröntgt werden. Schon ein kurzfristiger Stromausfall verwandelt die Straßen unserer Städte in ein fast nicht mehr zu entwirrendes Verkehrschaos und versetzt die in den Aufzügen zwischen den Stockwerken der Hochhäuser Eingeschlossenen in Panik.

Die Physik eroberte Neuland, stieß dabei das Tor zu den Geheimnissen der Naturkräfte auf und erweiterte das Weltbild. Bis zu Röntgens Zeit war man »Allround«-Physiker gewesen. Die Dimensionen, die seine Entdeckung auslöste, forderten den Spezialisten.

Der von Wilhelm Hallwachs (1859–1922) entdeckte, von Philipp Lenard (1862–1947) experimentell und von Albert Einstein (1879–1955) theoretisch gedeutete Photoeffekt besteht in der Umwandlung eines Photons einer elektromagnetischen Welle in ein Elektron, indem ein Photoelektron aus der Hülle eines Atoms herausgelöst wird. Bei Gasen führt der Photoeffekt zur Photoionisation, und er ist bei der Schwächung der Röntgenstrahlen beim Durchgang durch Materie von Bedeutung. Diese

Beobachtungen der Strahlenphysik waren eine Folge der Entdeckung der Röntgenstrahlen und führten auch zu einer weiteren wissenschaftlichen Disziplin, der Biophysik. Sie entwickelte sich sehr bald über das Grenzgebiet zwischen Physik, Medizin und Biologie hinaus zu einer unentbehrlichen Hilfe dieser drei Wissenschaftsbereiche und vermittelte zusätzlich der Biochemie Impulse in der Grundlagenforschung.

Hatte sich Moritz Jastrowitz beispielhaft für die Anwendung der Röntgenstrahlen in der medizinischen Diagnostik eingesetzt, so muß einem anderen Mann bescheinigt werden, über die Röntgenmedizin hinaus als Pionier der Strahlenbiophysik das Feld der Möglichkeiten der Röntgentechnik, der Röntgenkinematographie, der Tiefentherapie, des Wirkungsmechanismus von Röntgenstrahlen auf biologische Substanzen und der Vorgänge der Quantenbiologie aufbereitet zu haben. Es ist der schon mehrfach zitierte Friedrich Dessauer, dessen Biographie über Röntgen eigentlich nur ein Nebenprodukt seiner Arbeit darstellte.

In Aschaffenburg, der westlichsten Stadt Bayerns, wurde er 1881 als neuntes von zehn Kindern geboren. Er sollte zu einer ungewöhnlichen Persönlichkeit der ersten Hälfte des zwanzigsten Jahrhunderts werden. Zunächst Techniker und Gerätebauer, besetzte er den ersten Lehrstuhl für physikalische Grundlagen der Medizin in Frankfurt, gehörte als aktiver Politiker der Zentrumspartei von 1924 bis 1930 als Abgeordneter dem Reichstag an und wurde schließlich wirtschaftspolitischer Berater des Reichskanzlers Brüning. Von den Nationalsozialisten verhaftet, galt er nach seiner Freilassung als unerwünschte Person, mußte seinen Lehrstuhl aufgeben und ging 1934 an die Universität Istanbul. Drei Jahre später lehrte er in Freiburg in der Schweiz und kehrte 1953 nach Frankfurt zurück, wo er zehn Jahre später verstarb. Liest man die Titel seiner wichtigsten Publikationen, so wird die ganze Breite seines Schaffens sichtbar: *Lehrbuch der Strahlentherapie, Philosophie der Technik, Der Fall Galilei und wir, Mensch und Kosmos, Religion im Licht der heutigen Naturwissenschaften, Quantenbiologie, Naturwissenschaftliches Erkennen, Streit um die Technik.*

156

Friedrich Dessauer war noch keine fünfzehn Jahre alt, als, wie er später erzählte, sein Vater beim Mittagessen die Nachricht von der Entdeckung der Röntgenstrahlen vermeldete. Der Gymnasiast hatte sich zu dieser Zeit zu Hause bereits ein kleines physikalisches Labor eingerichtet. Dort bastelte er an seinen Geräten und nahm sie, als er sein Studium begann, mit nach München. Röntgen lehrte damals bereits in München. Als Dessauer vernahm, daß sein Bruder in Würzburg an einer nicht zu identifizierenden Krankheit litt, suchte er ihn mit seinem selbstgebauten, transportablen Röntgengerät auf und machte Aufnahmen. Anhand dieser Bilder konnten die Ärzte eine unheilbare Krebserkrankung diagnostizieren. Beeindruckt von dem Geschick des jungen Mannes und der erfolgreichen Handhabung seines Apparates, riet man ihm, sich der Röntgenstrahlenforschung zu verschreiben.

Dessauer befolgte diesen Ratschlag und erwarb sich zunächst im Ingenieurstudium die technischen Voraussetzungen für den Apparatebau. Bereits als Neunzehnjähriger – gerade fertiger Ingenieur – legte er in einem Vortrag vor dem Ärztlichen Verein in Frankfurt die von ihm erkannten therapeutischen Tiefenwirkungen der Röntgenstrahlen dar. Wenige Jahre später wurde er bereits zum Leiter der Firma Vereinigte Elektrotechnische Geräte Frankfurt/Aschaffenburg bestellt, in der er Geräte für Heilzwecke entwickelte. Dreißig Jahre war Dessauer jung, als die Universität Frankfurt einen Lehrstuhl zur Erforschung der Krebsbekämpfung durch Röntgenstrahlen einrichtete und mit ihm besetzte. Die Gründung des Institutes für physikalische Grundlagen der Medizin war der nächste Schritt Dessauers. Ende 1922 stellte er das »Trefferprinzip« auf, mit dem die Lehre von der Quantennatur der Strahlung in die Strahlenbiologie einging und das in der Weiterentwicklung zur Biophysik als Grundlagenforschung führte.

Die Wirkung der Röntgenstrahlen auf normale und Tumorzellen in Gewebekulturen war der eine große Forschungsbereich des neuen Gebietes der Biophysik. Das zweite Hauptthema war die Krebserzeugung durch Strahlen. 1927 entdeckte der Amerikaner Hermann Joseph Muller, daß Röntgenstrahlen bei Lebewesen Veränderungen des genetischen Materials hervorrufen können, was die Diskussion um die Gefährlichkeit von Strahlen neu entfachte. In der Folge wurde die Dosiseinheit »Röntgen« (R) zuerst in Deutschland und dann 1928 auf dem zweiten Internationalen Kongreß für Radiologie in Stockholm als verbindlich eingeführt.

Schädigungen durch Strahlen waren schon längere Zeit nicht nur bekannt, sondern auch wissenschaftlich ausführlich belegt, als Friedrich Dessauer 1963 an solchen Strahlenschäden verstarb. Jahre zuvor war er mit seinen Röntgengeräten leichtfertig umgegangen. Neben seinem Verdienst als Schrittmacher der Biophysik und der Krebsbekämpfung durch Röntgenstrahlen gehört er auch zum Kreis der modernen Philosophen, die ihr Gedankengut aus dem Umgang mit den Naturwissenschaften schöpften.

Wie die Biophysik wurde auch die Kern- oder Atomphysik zu einem besonders intensiv betriebenen Wissenschaftszweig, der aus der Exklusivität der Institute und Laboratorien schon bald den Weg in die Lehrpläne der weiterbildenden Schulen fand.

Atom, das Unteilbare, nannten die griechischen Naturphilosophen das zwischen Denken und Sein liegende Mögliche. Physikalisch konnten sie es weder darstellen noch beweisen. Daran lag ihnen aber auch nicht; denn ihre Wissenschaft fußte auf der Philosophie. Rund zweieinhalb Jahrtausende mußten vergehen, ehe die Vorstellung vom Atom konkrete Formen annahm. Sir (später Lord) Ernest Rutherford (1871–1937) und Niels Bohr (1885–1961) taten die ersten entscheidenden Schritte in Richtung Erforschung des Atombaues. Ihr 1913 geschaffenes Atommodell ist noch heute, bald ein Jahrhundert später, Ausgangsbasis für den kernphysikalischen Unterricht: Um einen sehr schweren und sehr kleinen Atomkern kreisen die Elektronen auf Bahnen, etwa wie die Planeten um die Sonne. Von dem Ehepaar Curie, Max Planck (1858–1947), Jean Perrin (1870–1942) und Otto Hahn (1879–1968) führte die Entwicklung direkt in das atomare Zeitalter der militärischen, aber auch zivil-wirtschaftlichen Nutzung der im Atom vorhandenen millionenfachen Energie.

Vom kleinen, unsichtbaren Atom bis zum gigantischen und in seinen Grenzen noch nicht erkennbaren Universum bedurfte es nach der Theorie des 1902 in Hannover geborenen Physikers Ernst Pascual Jordan nur des Bruchteils einer Sekunde. Fußend auf den Erkenntnissen der Astronomen, daß sich das Weltall mit ungeheurer Geschwindigkeit, zum Teil mit 144000 Kilometern pro Sekunde, ausdehne, drehte er den »Film« gleichsam zurück, um den Zustand der »wüsten und leeren« Welt und den Augenblick der Schöpfung – vor sechs Milliarden Jahren angenommen – zu erklären. Zwei Elementarteilchen, zwei Neutronen, so meint er, hätten den Urknall herbeigeführt. Schon zehn Sekunden später sei die Materie so groß wie die Sonne gewesen, um sich in weiteren Sekunden mit der bekannten Geschwindigkeit zu vergrößern und auszudehnen. Wie Einsteins Relativitätstheorie ist auch Jordans Ansicht eine Hypothese, der widersprochen, die aber durch keinen Beweis zu Fall gebracht werden kann.

Worin besteht nun aber der Bezug zwischen dem Atom, der Kernphysik, den Hypothesen über das Universum und Röntgens Strahlenentdeckung? Die Ozonschicht der Erde wird ununterbrochen von Röntgenstrahlen bombardiert. Die Astrophysiker sprechen von Sonnenwinden oder Sonnensturm, einem Auflodern geladener Teilchen an der Oberfläche des Hauptgestirns unseres Planetensystems. Besonders bei starker Sonnenfleckentätigkeit erhöht sich die Ultraviolett- und Röntgenstrahlung so nachhaltig, daß auch das biologische Befinden von Mensch und Tier beeinflußt wird.

Es ist also nicht so, daß erst durch die Entdeckung und Nutzung der Röntgenstrahlen eine Strahlenbelastung des Menschen existiert. Vielmehr war er schon immer, wenn auch bis in die jüngste Vergangenheit unbekannt, einer gewissen natürlichen Bestrahlung ausgesetzt. Die genannte kosmische Strahlung ist dabei nur eine Quelle und wurde am Elektroskop festgestellt. Bereits Röntgen hatte beobachtet, daß sich Elektroskope im Laufe der Zeit entladen. Als man die Ursache dieser Entladungen, die man auf Ionen zurückführte, erforschen wollte, stieß man auf die Tatsache, daß die Schnelligkeit der Entladungen mit der Entfernung von der Erdoberfläche im Zusammenhang steht. In 10000 Meter Höhe wurde ein achtfaches Anwachsen der Ionisation erkannt. Daraus folgerte man, daß der Weltraum Strahlen aussendet, vornehmlich Röntgenstrahlen und energiereiche Protonen, also Wasserstoffkerne. Die Weltraumforschung konnte mit hochempfindlichen Apparaten die bis dahin bekannten Daten kosmischer Strahlung noch beträchtlich verbessern.

## Unverzichtbare Strahlen

Röntgenstrahlen erschließen nicht nur dem Mediziner ein weites Feld diagnostischer und therapeutischer Hilfeleistung, sie tragen auch in anderen Wissenschaften dazu bei, nach jahrhundertelangem, zögerndem, oft erfolglosem Suchen den vielen Rätseln der Natur und der Menschheit auf die Spur zu kommen. Ein Beispiel ist die Kunstgeschichte, die allem Anschein nach kaum Berührungspunkte mit dem Physiker Röntgen und seiner Entdeckung bietet. Doch tatsächlich haben wie in den meisten Wissenschaftszweigen auch die Kunsthistoriker für ihre Arbeit die Hilfe der Röntgenstrahlen in Anspruch genommen und können heute nicht mehr darauf verzichten.

Vor zwei Jahrzehnten befaßten sich Kunsthistoriker zum wiederholten Mal mit dem »Englischen Gruß«, dem Meisterwerk des Bildhauers der Spätgotik Veit Stoß, das im Chor der Nürnberger Kirche St. Lorenz frei zu schweben scheint. Diesmal ging es aber nicht darum, den zahlreichen Abhandlungen eine weitere hinzuzufügen, sondern das »Innenleben« dieses prächtigen Werkes kennenzulernen. Mit zweihundert Röntgenaufnahmen wurden die Verkündung Mariens und das sie umrankende Oval auf dem Film festgehalten. Die wissenschaftliche Auswertung dieser Aufnahmen ergab, daß an der Originalarbeit des Meisters im Laufe der Zeiten einige Restaurierungen vorgenommen worden waren, von denen man mangels überlieferter Daten nichts wußte.

160

Die Ikonen der Ostkirchen sind sehr begehrte Sammelobjekte, deren materieller Wert auch vom Alter des Bildnisses bestimmt wird. Hier kann der Kunsthistoriker mit Röntgenaufnahmen exakte Aussagen erstellen. Fälschungen oder moderne Nachbildungen können sofort als solche identifiziert werden. Auch bei alten Skulpturen vermittelt eine »Röntgendiagnose« wichtige Erkenntnisse über Entstehungszeit, Arbeitsweise oder Material sowie andere Hinweise. So ist es beispielsweise möglich, in einer Plastik einen äußerlich nicht erkennbaren Hohlraum festzustellen.

Was der Kunstgeschichte recht ist, darf der Archäologie billig sein. Auch sie geht mit Röntgenstrahlen zurück in die Vergangenheit, um früheres Leben der Gegenwart nahezubringen. Mumien, dreitausend und mehr Jahre alt, sorgfältig für ein Fortleben präpariert, geben dank der Röntgenstrahlen ihre Geheimnisse preis. Die moderne Wissenschaft kann anhand der Aufnahmen genau feststellen, welcher Krankheit jener Pharao oder begüterte Ägypter erlegen ist. Sie kann aber auch wichtige Schlüsse über den medizinischen Stand vor Jahrtausenden ziehen.

Ein Jahrhundert nach dem Tod Heinrich Schliemanns machten sich Wissenschaftler auf, um das von ihm ausgegrabene Troja mit Strahlen und Computer noch einmal zu erforschen. Vom Skäischen Tor bis zu dem Turm, von dem aus, wie Homer in der Ilias zu erzählen weiß, Helena auf die Kämpfe zu Füßen der Stadt blickte, und bis zum Palast des Priamos wurden Straßen und Mauern »geröntgt«, um ihrem Alter und ihrer Beschaffenheit auf die Spur zu kommen. Hätten Schliemann solche Geräte zur Verfügung gestanden, wäre ihm mancher Trugschluß erspart geblieben. Unsichtbare Röntgenstrahlen machen eine weit zurückreichende Vergangenheit sichtbar, mit der Strahlenkunde können Archäologen und Altertumswissenschafter jene Vorstellungswelt einstiger Kulturvölker in ein neues Licht rücken.

Noch weiter in die Frühgeschichte der Erde blicken und deuten die Paläontologen. Fossilien von Tieren und Pflanzen, bis zu vierhundert Millionen Jahre alt, entschlüsseln unter Röntgenaufnahmen ihre organische Struktur und erlauben dem Wissenschaftler, ihre Lebensweise und ihre Umwelt zu rekonstruieren.

Und noch ein weiteres Beispiel beweist die Unentbehrlichkeit der Röntgenstrahlen im menschlichen Alltag. Terroristenanschläge auf Passagierflugzeuge in der zweiten Hälfte dieses Jahrhunderts hatten auf den Flughäfen ein hohes Maß an Sicherheitsvorkehrungen zur Folge. So muß sich heute jeder Flugreisende an sogenannten Sicherheitsschleusen einer strengen Kontrolle unterziehen. Mittels eines ultrakurzen Röntgenblitzes werden die Gepäckstücke durchleuchtet, das Schattenbild wird von einer Videokamera aufgezeichnet und als Dauerbild auf einem Monitor sichtbar gemacht. Der Sicherheitsbeamte erkennt sofort verdächtige Gegenstände und kann dann eine manuelle Untersuchung der Koffer oder Taschen anordnen. Mit solchen Maßnahmen hat man sich als Fluggast nicht nur abgefunden, man weiß auch, daß ohne sie eine Geschäfts- oder Urlaubsreise zum Risiko werden könnte.

## Die moderne medizinische Röntgentechnik

Der Physiker Wilhelm Conrad Röntgen wies einem anderen Wissenschaftszweig, der Medizin, unbeabsichtigt den Weg. Die Anwendung der von ihm entdeckten Strahlen in der medizinischen Diagnostik und Therapie kann bereits auf eine hundertjährige Tradition zurückblicken. Der Menschheitstraum, in das Innere eines lebenden Körpers blicken zu können, erfüllte sich und verhalf der Ärzteschaft zu neuen Erkenntnissen und Heilmethoden. Hat sich auch am Grundprinzip der Röntgenapparatur bis heute nichts geändert, so unternahm die Technik doch alle Anstrengungen, den Radiologen verbesserte Geräte an die Hand zu geben, um den Forderungen neuer Untersuchungsmethoden gerecht zu werden.

Das Röntgenbild, das bei der Durchstrahlung eines Körpers mit Röntgenstrahlen entsteht, kann entweder auf einem strahlungsempfindlichen Schirm sichtbar gemacht (Röntgendurchleuchtung) oder auf einem Röntgenfilm aufgezeichnet werden. Um die Bildkontraste zu verstärken und somit die Aussagefähigkeit einer Röntgenaufnahme zu erhöhen, besteht die Möglichkeit der Röntgenkontrastdarstellung. Dafür wird entweder ein Röntgenkontrastmittel gezielt in den Körper eingebracht oder ein spezielles röntgenologisches Verfahren angewendet.

Da beim zweidimensionalen Röntgenbild hintereinanderliegende Körperstrukturen überlagert dargestellt werden, können dem Arzt wichtige Informationen verborgen bleiben. Hier hat sich die tomographische Röntgenaufnahme bewährt, bei der sich überlagernde Strukturen in isolierten Schichtaufnahmen sichtbar gemacht werden können.

Weitere Verfahren sind die digitale Röntgentechnik und die Computertomographie, die eine Kombination der Tomographie und der digitalen Röntgentechnik darstellt. Die hochmodernen mikroprozessorgesteuerten Verfahren mit digitaler Signalübertragung haben den Bedienungsaufwand entscheidend verringert. Die Zentrierung des jeweiligen untersuchten Organes geschieht über Lichtwellenleiter von einem Fernsteuerpult aus, so daß sich der Radiologe voll auf den Patienten und den Ablauf der Untersuchung konzentrieren kann. Unterbrechungen, um die Lage des Patienten zu verändern, sind nicht mehr notwendig.

Auch der Strahlenschutz für die Patienten hat sich laufend verbessert. Bei der heute üblichen Durchleuchtungstechnik mit einem Röntgenbildverstärker zur besseren Detailerkennbarkeit ist man einer wesentlich geringeren Strahlenbelastung ausgesetzt als bei der konventionellen Durchleuchtung mit einem Leuchtschirm.

Die zahlreichen Möglichkeiten, die es heute bei der Bildverarbeitung gibt, haben gerade im Bereich der Kardiologie, bei Untersuchungen des Herzens, zu Spitzenleistungen geführt. Zur Dokumentation von schnell veränderlichen Vorgängen im Durchleuchtungsbild liefern Hochgeschwindigkeitskameras bis zu 200 Bilder pro Sekunde. Mit einer Bildverstärker-Fernsehkette können Röntgenbilder mit einer Fernsehkamera aufgenommen, verstärkt und auf einem Monitor sichtbar gemacht oder auf einem Speicher aufgezeichnet werden. Der Kardiologe kann so das über Katheder eingeführte Kontrastmittel im Herzen und in den Gefäßen verfolgen, Herzfehler und Gefäßveränderungen erkennen. Über Computer werden bis zu tausend Serienaufnahmen gespeichert und sind damit jederzeit abrufbereit.

Angesichts der hochmodernen Röntgentechnik erscheint es heute fast unvorstellbar, daß Wilhelm Conrad Röntgen vor hundert Jahren in der Lage war, mit einfachen, wie Kinderspielzeug anmutenden Geräten eine neue Art von Strahlen zu entdecken und die Welt mit eindrucksvollen Aufnahmen zu überraschen.

## Zwei Seiten einer Medaille

Niemand hat die Zahl der Röntgenaufnahmen registriert, die seit dem 8. November 1895 rund um den Erdball in Kliniken, Praxen, Instituten und Laboratorien dem Menschen Hilfe, Erkenntnisse und Fortschritt ermöglicht haben. Diese sich wohl in astronomischer Größenordnung bewegende Zahl schnellt noch in die Höhe, rechnet man den therapeutischen Einsatz der Röntgenstrahlen hinzu. Neben der Diagnostik mit Röntgenstrahlen, die 1930 entscheidend verbessert wurde, als die Firma Schering das jodhaltige Kontrastmittel Uroselectar auf den Markt brachte, mit dem auch die Harnwege dargestellt werden können, nimmt die Strahlentherapie einen besonderen Rang ein. Noch zu Röntgens Zeiten war die Medizin nahezu machtlos gegen die Geißel der Menschheit Krebs.

Operative Eingriffe und schmerzstillende Mittel erwirkten nur vorübergehend eine kurze Unterbrechung des Leidens, das aber unweigerlich rasch zum Ende führte.

Mit der Röntgentherapie und den Strahlen radioaktiver Stoffe – unter Ausnutzung ihrer biologischen und physiologischen Wirkung – wurde der Medizin in den vergangenen fünf Jahrzehnten eine wirksame Form der Tumorbehandlung ermöglicht. Die Strahlen werden gebündelt und gezielt auf den Tumor gerichtet, so daß es für den Patienten zu einer möglichst geringen allgemeinen Strahlenbelastung kommt. Eine solche Therapie kann in Abständen von fünf bis sechs Wochen durchgeführt werden. Die dazu erforderliche Dosis, also die Mengenwerte der Strahlen, orientiert sich an der Tumorart und -lokalisation, dem benachbarten Gewebe und dem Stadium der Erkrankung. Manchmal treten Nebenwirkungen wie Übelkeit oder Kopf- und Gliederschmerzen auf, die jedoch mit Abschluß der Behandlung wieder verschwinden. Sie sind auch als »Röntgenkater« bekannt.

Bis in die Gegenwart hat Röntgens Entdeckung für eine Fülle wissenschaftlicher Arbeiten mit Strahlen gesorgt. Schon in den späten fünfziger Jahren des zwanzigsten Jahrhunderts haben sich zahlreiche Forscher mit dem Einfluß von Röntgen-, Elektronen- und Gammastrahlen auf die Konservierung von Lebensmitteln befaßt. Kuprianoff und Lang veröffentlichten 1960 eine entsprechende Arbeit. Mit bestimmten Strahlendosen läßt sich beispielsweise das Keimen von Kartoffeln und Zwiebeln verhindern. Außerdem wird ein dem Pasteurisieren ähnlicher Effekt der Haltbarmachung erzielt. Zusätzlich werden Schädlinge wie Insekten und Trichinen wirkungsvoll bekämpft.

Neben den vielen positiven Wirkungen der Strahlen darf aber auch die andere Seite der Medaille nicht unterschlagen werden. Bereits ein Jahr nach Röntgens bahnbrechender Entdeckung wußte man um die Gefahren, die von den Strahlen ausgehen. Am 3. Oktober 1896 berichtete der Arzt J. McIntyre aus Glasgow, daß seine Hand durch lange Röntgenbestrahlung schwere Schäden erlitten habe. Im gleichen Jahr wollte es der Wissenschaftler Elihu Thomson genau wissen und führte einen Versuch an sich selbst durch: Eine halbe Stunde lang hielt er den kleinen Finger seiner linken Hand unmittelbar an die Platinanode einer damals gebräuchlichen Röntgenröhre. In der darauffolgenden Woche waren keinerlei Veränderungen an der Hand zu beobachten. Dann aber stellten sich Rötung und Schwellung ein, dazu eine heftige Empfindlichkeit gegen Druck und Stoß. Dies veranlaßte Thomson, wenig später die ersten »Strahlenschutznormen« zu veröffentlichen. Seine Warnungen und durch das eigene Experiment belegten Hinweise erfuhren jedoch nicht die notwendige Aufmerksamkeit.

Röntgens Entdeckung war zu einer Initialzündung für die Wissenschaftler geworden. Seine Publikationen und Aufnahmen zwangen sie regelrecht, in ihren Laboratorien mit den beschriebenen Röhren und Apparaten eigene Versuche anzustellen. Auch die Medizin wurde von einem wahren Röntgen-Boom erfaßt. In Presseanzeigen offerierten clevere Geschäftsleute Apparaturen »à la Röntgen«, und Ärzte, sich ihrem Ruf verpflichtet fühlend, installierten die Geräte und gingen mit ihnen eifrig und sorglos wie mit dem Stethoskop um. Dabei übersahen sie die Gefahr, die Röntgen selbst als erster erkannt hatte und gegen die er – wenn auch unbewußt – Vorsorge getragen hatte: mit seiner Zinkkiste. Diese hatte sich Röntgen als tragbare Dunkelkammer gebaut, und in ihr hatte er seine Versuche durchgeführt. Um die Photoplatten vor unbeabsichtigter Bestrahlung und damit Beschädigung zu schützen, hatte er die der Röhre gegenüberliegende Seite der Kiste mit Blei verstärkt. Denn seine Arbeit hatte ihn erkennen lassen, daß dieses Metall von den Strahlen nicht durchdrungen wurde. Mit dieser Maßnahme hatte er, ohne es zu beabsichtigen, auch sich selbst geschützt.

Als man sich endlich über die biologischen Auswirkungen der X-Strahlen im klaren war, hatten dreihundertneunundfünfzig Physiker, Mediziner und Techniker bei ihrer Arbeit mit und an den Strahlen ihr Leben verloren. Im Garten des Krankenhauses St. Georg in Hamburg wurde diesen Opfern der Wissenschaft ein Gedenkstein errichtet.

Für den modernen Menschen ist spätestens seit den Folgen der Atombombenexplosion von Hiroshima und Nagasaki oder des Reaktorunfalls von Tschernobyl das Wissen um die Gefahren durch Strahlen zu einem unheimlichen, weil nicht faßbaren Schreckgespenst geworden. Überschriften in Zeitungen und Magazinen wie »700 Röntgen bedeuten den Tod« brachten den Namen Röntgen mit Gesundheits- und Lebensbedrohung in Verbindung statt mit medizinischem Segen für Millionen. Um solche Überschriften zu verstehen, muß der Laie wissen, daß

*Röntgen* – abgekürzt R oder r – als Einheit zur Angabe der Dosis der Röntgen- und Gammastrahlung festgelegt wurde. Die Dosis einer Strahlung beträgt 1 R, wenn sie in 0,001293 Gramm Luft, also einem Kubikzentimeter unter normalen Bedingungen, so viele Ionen erzeugt, daß diese eine elektrostatische Einheit an Ladung positiven und negativen Vorzeichens ausmachen. Bereits 25 R gelten als Gefährdungsdosis, 100 R als kritische Dosis, 400 R als mittel-letale Dosis (LD-50), bei der die Todesrate der bestrahlten Personen 50 Prozent beträgt, und 700 R sind eine tödliche Dosis, es besteht also eine hundertprozentige Todesfolge.

»Verordnung über den Schutz vor Schäden durch ionisierende Strahlen« heißt die in Deutschland durch das Bundesinnenministerium am 13. Oktober 1976 erlassene Regelung für den Umgang mit radioaktiven Stoffen, deren Beförderung, Einfuhr und Ausfuhr, die Errichtung und den Betrieb von Anlagen zur Erzeugung ionisierender Strahlen und die Bauartzulassung von Anlagen und Einrichtungen, die radioaktive Stoffe enthalten oder erzeugen. Des weiteren enthält diese Verordnung Vorschriften zum Schutz der Bevölkerung und der Umwelt.

Längst tragen heute der Radiologe oder Röntgenologe und seine Mitarbeiter Bleischürze und Strahlenschutzplakette oder betätigen die Apparatur hinter einer schützenden Glaswand. Ein Röntgen-Dosimeter, wie ein Kugelschreiber in die Brusttasche geklemmt, dient der Anzeige einer Strahlenbelastung. Die neue Röntgenverordnung verpflichtet die Ärzte überdies, die Strahlungsmenge, die von den Röntgengeräten abgegeben wird, monatlich und die Qualität der Aufnahmen wöchentlich zu kontrollieren. Darüber hinaus prüft der TÜV die Geräte alle fünf Jahre.

Auch das Risiko von Röntgenaufnahmen für den Patienten wird heute kritischer diskutiert als früher. Panik oder Verweigerungshaltung sind jedoch unangebracht, vor allem wenn man weiß, daß sich mit etwas Selbstverantwortung eine unnötige Strahlenbelastung des Körpers verhindern läßt. So sollte jeder bei Bagatellverletzungen den Arzt fragen, ob wirklich eine Röntgenaufnahme nötig ist oder ob eine strahlungsfreie Methode wie Ultraschall oder Kernspintomographie ebenfalls ausreichende diagnostische Ergebnisse liefert. Der kostenlose Röntgenpaß, den die Krankenkassen ausgeben, ist die beste Vorsorgemaßnahme, um Doppelaufnahmen zu vermeiden. Die Röntgenverordnung verpflichtet den Arzt, den Paß auszufüllen und gegebenenfalls Einträge nachzuholen. Außerdem muß er vorhandene Röntgenaufnahmen anderen Ärzten aushändigen.

# »Zu Besuch« bei Röntgen

Vielleicht hat die Begegnung mit Leben und Werk Wilhelm Conrad Röntgens den einen oder anderen Leser dazu animiert, die Spur des großen Physikers weiter aufzunehmen. Ihm sei der Besuch derjenigen Stätten empfohlen, die mit Sorgfalt das Andenken Röntgens bewahren. In Remscheid-Lennep, seinem Geburtsort, ist dies das Deutsche Röntgen-Museum und in Würzburg die Gedächtnisstätte im ehemaligen Physikalischen Institut. Darüber hinaus verwahrt das Deutsche Museum in München die Originalapparatur, mit der Röntgen am 8. November 1895 die X-Strahlen entdeckte und seine Beobachtung in weiteren Versuchen untermauerte.

## Tabakspfeife und Eispickel – Deutsches Röntgen-Museum in Remscheid

»Die Bürger des historischen Lenneps verfolgten die Wege ihres berühmten Sohnes aufmerksam. Schon im Frühjahr 1896 (das genaue Datum war der 13. Juni – Anmerkung des Autors), also kurz nach der sensationellen Entdeckung, wurde ihm vom ›Stadtverordneten- Collegium‹ das Ehrenbürgerrecht verliehen.«

So heißt es im Prospekt des Deutschen Röntgen-Museums. Ohne den Autor des Prospektes maßregeln zu wollen – ganz so aufmerksam verfolgten die Lenneper dereinst den Werdegang Röntgens nicht; denn, wie schon bekannt, bedurfte es 1896 erst einer offiziellen Anfrage und einer authentischen Antwort, daß es sich bei dem »berühmten Sohn« tatsächlich um jenen Lenneper Bürger handelte, der schon als Dreijähriger das Städtchen verlassen hatte.
Sieben Jahre nach seinem Tod ehrte Lennep Röntgen dann mit

einem großartigen, aufwendig und überaus informativ ausgestatteten Museum am Nordostrand der Altstadt, in der Schwelmer Straße 41. Neben den Erinnerungsexponaten zur Person Röntgens stehen die Entdeckung und die Anwendung der Röntgenstrahlen im Mittelpunkt dieses faszinierenden Denkmals: »Das Deutsche Röntgen-Museum zeigt eine in der Welt einmalige Sammlung von Apparaturen zur Erzeugung und Anwendung der X-Strahlen«, heißt es im Informationsprospekt des Museums.

Über den zum neuen Anbau führenden Seiteneingang erreicht man das Foyer des Museums. Bevor sich der Besucher jedoch der technischen Sammlung im modernen Gebäudeteil zuwendet, sollte er mit Röntgen selbst beginnen. Dazu geht man an einem großen Schaubild mit den einzelnen Lebensstationen vorbei und biegt sofort nach rechts in den Altbau. In den Erdgeschoßräumen dieses auch äußerlich prächtigen ehemaligen Patrizierhauses im typisch bergischen Stil tut sich nicht nur die Welt vor hundert und mehr Jahren auf, sondern auch der Alltag eines Mannes, der bei aller internationaler Würdigung ein einfacher Mensch geblieben ist. Zu sehen sind Bilder seiner Eltern, sein mit Originalmobiliar eingerichtetes Arbeitszimmer, die Bibliothek mit vielen wertvollen Bänden und eine Reihe von Dingen, die dem Privatmann Röntgen lieb und teuer waren: die Tabakspfeifen, das Picknick-Köfferchen, das für ihn und seine Frau im Urlaub und auf Wanderungen Wegzehrung bereithielt, sein über Jahrzehnte hinweg unentbehrlicher Schlapphut bei Jagd und Spaziergängen, der Eispickel für seine Hochgebirgstouren, die Plattenkamera und viele Aufnahmen von Freunden, Bekannten und der ihm fast zur zweiten Heimat gewordenen Bergwelt. Seine wissenschaftlichen Veröffentlichungen, fremdsprachliche Ausgaben anderer Autoren über Röntgen, der Nobelpreis und die Ehrenbürgerurkunde von Lennep sind weitere Dokumente, die es dort zu besichtigen gibt. Und, nicht zu vergessen, die alte Wanduhr, die schon im Würzburger Laboratorium die Tage und Monate seiner Forschungsarbeit begleitete.

Jedes Stück in diesen Räumen scheint den Geist Röntgens, seine

Hingabe an den Beruf und den Glauben an die Kräfte der Natur zu atmen.

Mit der »Gläsernen Frau« startet der Rundgang der Ausstellung im modernen Anbau durch die vielseitigen Anwendungsbereiche der Röntgentechnik in der Physik, in der Medizin und in anderen Wissenschaften. Eine Fülle von Demonstrationsobjekten und auch dem Laien verständlichen Text- und Bildinformationen zeigen die ganze Breite der technischen Möglichkeiten auf, die der neuzeitlichen Wissenschaft zur Verfügung stehen. Aber auch die historische Entwicklung kann verfolgt werden: etwa vom Holztisch des Trochoskops um 1900 bis zur extrakorporalen Stoßwellenlithotripsie des letzten Jahrzehnts dieses Jahrhunderts. Der Besucher erfährt, daß Archäologen, die mit Röntgenstrahlen Mumien durchleuchten, noch nach Jahrtausenden Krankheiten der Verstorbenen aufspüren, daß Kunsthistoriker mittels der Röntgenstrahlen ein Rembrandt-Gemälde als echt oder gefälscht erkennen, er kann das Materialskelett eines Mercedes-Sportwagens auf einer Röntgenaufnahme im Maßstab 1:1 betrachten und nachlesen, daß 1965 die Techniker dazu fünfzig Stunden Belichtungszeit aufwenden und besondere Tanks bauen lassen mußten, in denen der Film entwickelt werden konnte. Und man bestaunt, wie auch Paläontologen von der Entdeckung Röntgens profitieren: Sie nahmen sich über 300 Millionen alte Tier- und Pflanzenfossilien aus dem Rheinischen Schiefergebirge vor und konnten deren Struktur mit Hilfe der Röntgenstrahlen genau erkennen.

Mit der Namensgebung für die ganze Abteilung, in der auch eine getreue Rekonstruktion des Würzburger Laboratoriums zu sehen ist, würdigte man den Konstrukteur des Omniskops, den Mechanikermeister Ernst Pohl (1876–1962), der sich um die Röntgentechnik verdient gemacht hat.

Nur in Stichworten kann hier die ganze Informationspalette angedeutet werden, die das Museum bietet. Vermerke an leeren Wänden weisen darauf hin, daß weitere Installationen vorbereitet werden. Ein Besuch im Deutschen Röntgen-Museum in Remscheid-Lennep ist mehr wert als zehn Nachhilfestunden in Physik. Es hinterläßt einen tiefen Eindruck, wie menschlicher

Forscherdrang jahrtausendealte Schranken des Geistes durchbrach und den Weg für eine große und sicher noch größere Zukunft frei machte.

Übrigens: Das Haus wurde rollstuhlgerecht angelegt, wobei ein Spezialaufzug Behinderte in die oberen Räume bringt. Drei Daten sollen den Besuch des Deutschen Röntgen-Museums beschließen. Die Chronologie nennt den 30. November 1930 als Gründungstag des Museums. Am 8. Dezember 1951 erfolgte die Namensgebung »Deutsches Röntgen-Museum«, und am 20. Juli 1957 konnte der moderne Anbau seiner Bestimmung übergeben werden.

Nur wenige Schritte vom Museum entfernt, am Gänsemarkt 1, wird die Erinnerung an den großen Physiker durch sein Geburtshaus abgerundet, in dem seit der Restaurierung die Museumsbibliothek untergebracht ist.

## Labor der Strahlen – Gedächtnisstätte in Würzburg

»Die Fachhochschule sieht es als ihre Pflicht an, das Andenken an Wilhelm Conrad Röntgen und seine Entdeckung in diesem historischen Gebäude zu pflegen. Deswegen wurde der historische Laborraum nicht verändert und mit dem angrenzenden Raum zu einer Gedächtnisstätte verbunden.«

Röntgenring 8: Man setzt den Fuß über die Schwelle des modernen Gebäudeteils der Fachhochschule Würzburg–Schweinfurt und begibt sich in den Westflügel des ehemaligen Physikalischen Institutes. Im Obergeschoß des Mittelbaues wohnte Wilhelm Conrad Röntgen mit seiner Frau, im Erdgeschoß aber forschte und lehrte er.

Der Besucher wird hier kein zweites Röntgen-Museum vorfinden. Zwar darf er sich an einigen Originalexponaten erfreuen, doch stehen sie fast ausnahmslos mit der Entdeckung der Strahlen in Zusammenhang.

Schon mit dem ersten Blick von der neuzeitlichen Glastüre aus in das Laboratorium offenbaren sich die physikalischen Arbeitsbedingungen vor hundert Jahren. Beinahe zaghaft schreitet man an den Tischen, dem Funkeninduktor, den Röhren oder der Evakuierungspumpe entlang, verwundert, daß mit derart einfacher Installation gearbeitet werden konnte.

Verschiedene, größtenteils Originalröhren aus dem späten neunzehnten Jahrhundert, wie sie der Forschung zur Verfügung standen, sind in Schaukästen des Vorraumes aufbewahrt. Die »Acta« des bayerischen Innenministeriums »für Kirchen und Schulangelegenheiten« befaßt sich mit »Roentgen Dr. Wilhelm Conrad ordentlicher Professor der Experimentalphysik und Direktor des phys. Instituts an der Universität Würzburg«. Es werden die ihm verliehenen Orden aufgeführt und Röntgens Diplome gezeigt, etwa das der eidgenössischen polytechnischen Schule oder der Universität in Gießen. Röntgens Rektoratsrede ist zu lesen, sein Jagdfernrohr und die von ihm hergestellte Aufnahme der Hand Köllikers sind zu betrachten sowie die Kopie des Nobelpreises und zwei Schriften von Ludwig Zehnder: »Persönliche Erinnerungen an Wilhelm Conrad Röntgen und über die Entwicklung der Röntgenstrahlen« sowie »Über das Wesen der Kathodenstrahlen und der Röntgenstrahlen«.

Das 1981 gegründete Röntgen-Kuratorium Würzburg, dem Wissenschaftler, Politiker, Vertreter der Wirtschaft und Bürger aus verschiedenen Berufen angehören, hat sich die Förderung des Andenkens an Röntgen am Ort seiner Entdeckung zur satzungsmäßigen Aufgabe gemacht. Eine Röntgen-Stiftung soll diese Aufgabe ideell und finanziell unterstützen. Auch die Fachhochschule selbst hat sich verpflichtet, die Gedächtnisstätte zu betreuen.

# Gedanken zum Schluß

»Die moderne Wissenschaft hat zahlreiche und unterschiedliche Auswirkungen auf unser geistiges Leben, und in Zukunft wird sie wahrscheinlich noch größere haben als bisher. Das geistige Leben wird üblicherweise in drei Bereiche eingeteilt: Denken, Wollen und Fühlen... Es ist offensichtlich, daß das Wissen unserer Zeit am stärksten unser Denken beeinflußt hat, aber es hat sich auch erheblich auf das Wollen ausgewirkt und sollte ebenso bedeutende Wirkungen im Bereich des Fühlens haben, obwohl dieser Einfluß bisher noch nicht sehr ausgeprägt ist.« Diese Worte stammen von dem britischen Mathematiker, Philosophen und Pädagogen Bertrand Russell (1872–1970).

Denken – das übernimmt das Rechenzentrum und der Computer. Wollen – für viele ist das Streben nach Wohlstand Erfüllung. Fühlen – der Konkurrenzkampf am Arbeitsplatz bis in die Chefetage erlaubt keine Gefühle. So einfach ist es heute, sich aus der geistigen Verantwortung zu stehlen. In der Euphorie gigantischer technischer Leistungen, die der Mensch der Gegenwart ohne nachzudenken nutzt, scheint der philosophische Anspruch auf das geistige Leben eine lästige Forderung zu sein.

Philosophie verlangt Überdenken und Auseinandersetzung mit den Grundprinzipien des Seins, des geistigen und materiellen Lebens. Die Menschheit hat langsam wachsende sowie spontane Umwandlungen erfahren. Philosophen bemühten sich um deren Einordnung in ihre Gedankenwelt. Sie versuchten, in der zivilisierten Gesellschaft Klarheit über Werte und Unwerte zu gewinnen, um aus dem Geistigen heraus den Fortbestand unserer Kultur und einer freien Zivilisation aufzuzeigen. Gerade die moderne Physik, universal in ihrer Aufgabe, muß sich Maßstäbe der Philosophie gefallen lassen, will sie sich nicht von der gemeinsamen Wurzel, der Natur, trennen. Vor allem die Kernphysik und weitere Entwicklungen werden eine Bewährungsprobe zu bestehen haben, auch wenn bereits große Philosophen der Gegenwart – etwa Karl Jaspers und Carl Friedrich von Weizsäcker – kritisch dazu Stellung bezogen haben.

Die Gegenwart des Jahrtausendwechsels baut auf der Vergangenheit auf, und die Zukunft ruht auf der Gegenwart. Die Physik basiert auf lang angesammelter Erfahrung. Zwei der Größten schöpften aus ihr und veränderten mit Beginn des zwanzigsten Jahrhunderts die Welt. Die Entdeckung des einen, Wilhelm Conrad Röntgen, und die Idee des anderen, Albert Einstein, revolutionierten unsere Lebensweise und unsere Vorstellungen von uns selbst und dem bis dahin gültigen System von Raum und Zeit. Seit dem Aufstieg der Naturwissenschaften im siebzehnten Jahrhundert sind nur Newton und Darwin im Denken mit Einstein vergleichbar, im erfolgreichen und nachhaltigen Experiment kann es wohl Ernest Rutherford als Entdecker des Atomkerns mit Röntgen aufnehmen.

»Es gibt noch viel zu tun«, so verabschiedete Röntgen den Reporter Dam, und auch für die jetzige Physikergeneration hat dieses Wort nichts an Aktualität verloren.

Die Physik ist mit Experiment und Theorie in steter Bewegung. Und jeder, der in dieser Welt lebt und an den technischen Errungenschaften teilhat, muß die Auswirkungen auf unser geistiges Leben mittragen. Entzieht man sich dieser Verantwortung, so macht man sich mitschuldig an möglicherweise schwerwiegenden Folgen für die menschliche Gesellschaft. Dieser Verantwortung darf sich der einzelne, aber auch die Öffentlichkeit, vertreten durch den vom Bürgervotum beauftragten Gesetzgeber, nicht verschließen: es geht nicht um Reglementierung der Wissenschaft, sondern um Kontrolle zur Verhinderung schädlicher Auswüchse und Gefahren für die Allgemeinheit.

Die Gefahren der Technik anzuprangern, ist keine Erfindung der Neuzeit. Sowohl Herz als auch Geist des Menschen in seinem Leben wirksam werden zu lassen, hat eine alte Tradition. Das soll abschließend ein Auszug aus den Schriften des vor zweieinhalb Jahrtausenden lebenden chinesischen Weisen Dschuang Dsi belegen, eine Niederschrift, die es auch heute noch wert ist, gelesen und verstanden zu werden.

Nachdem Dsi Gung in das im Norden des Han-Flusses liegende Gebiet gekommen war, erblickte er einen alten Mann, der in seinem Gemüsegarten arbeitete. Dieser hatte zur Bewässerung seines Gartens Gräben gezogen. Er selbst stieg immer in den Brunnen hinunter und schöpfte in einem Kübel Wasser, das er in die Gräben goß. Er plagte sich sehr, brachte aber nur wenig zustande.

Dsi Gung sprach ihn an: »Es gibt ein Gerät, mit dem man hundert Gräben an einem Tag bewässern kann. Ohne große Anstrengung ist dadurch viel erreicht. Möchtet Ihr denn so etwas nicht verwenden?«

Der alte Mann erhob sich, betrachtete ihn und fragte: »Und was wäre das für ein Gerät?«

Da antwortete Dsi Gung: »Man nimmt ein Hebelholz, das hinten beschwert und vorne leicht ist. Auf diese Weise kann man Wasser schöpfen, daß es nur so rauscht. Das wird Ziehbrunnen genannt.«

Dem Alten stieg die Röte ins Gesicht, und er erwiderte lachend: »Ich habe meinen Lehrer sagen hören: ›Wenn ein Mensch Maschinen benutzt, so betreibt er alle seine Geschäfte maschinenmäßig; wer seine Geschäfte maschinenmäßig betreibt, der bekommt ein Maschinenherz. Wenn er aber ein Maschinenherz in der Brust besitzt, dann geht ihm die reine Einfalt verloren. Bei wem aber die reine Einfalt weg ist, der wird ungewiß in den Bewegungen seines Geistes. Ungewißheit in den Bewegungen des Geistes ist etwas, das sich mit dem wahren Sinn nicht verträgt.‹ Es ist gewiß nicht so, daß ich solche Dinge nicht kenne, ich schäme mich aber, sie anzuwenden.«

Ist also der Mensch durch die naturwissenschaftlichen Experimente, Gesetze und Entdeckungen, realisiert durch die Technik, geistig überfordert? Mußte er sich daher mit einem »Maschinenherzen« rüsten, um sich ein Alibi gegenüber dem Denken zu verschaffen? Zum Menschenschicksal gehört die Unsicherheit, für den einzelnen wie für die Gemeinschaft. Auch die Unsicherheit ist uralt. Doch war sie nie so umfassend wie im zwanzigsten Jahrhundert, als Kriege und Atomschrecken den Menschen zum hilflosen Objekt drohender Vernichtung zu machen schienen. Hoffnung durfte aufkeimen, als im letzten Jahrzehnt dieses Jahrhunderts der Vernunft auch im politischen Spiel der Staaten der Durchbruch gelang. Konkurrenz und Konfrontation der Großmächte wichen der Verständigung. Die Erkenntnis, daß Nationen durch Zusammenarbeit leichter wirtschaftlichen Wohlstand erreichen als durch gegenseitige Konkurrenz, kann der Völkerverständigung nur dienlich sein. Auch die Physik kann dazu ihren Beitrag leisten. Für Röntgen gab es in seiner Entdeckung keine nationalen Grenzen. So, wie er seine Sonderdrucke ausländischen Kollegen zusandte, so war er im Geist und Ethos humanitärer Wissenschaft sofort entschlossen, seine Entdeckung der ganzen Menschheit zur Verfügung zu stellen.

## Röntgens wissenschaftliche Arbeiten
## (in der Reihenfolge ihres Erscheinens)

1. *Vragen op het anorganisch gedeelte van het scheikundig leerbock van Dr. J.W. Gunning.* Schoonhoven 1865.

2. *Studien über Gase.* Inaugural Dissertation zur Erlangung der Doktorwürde vorgelegt der hohen philosophischen Fakultät der Universtität Zürich. 1869.

3. *Über die Bestimmung des Verhältnisses der spezifischen Wärmen der Luft.* Annalen der Physik und Chemie 141 (1870) 552.

4. *Bestimmung des Verhältnisses der spezifischen Wärmen bei konstantem Druck zu derjenigen bei konstantem Volumen für einige Gase.* Annalen der Physik und Chemie 148 (1873) 580.

5. *Über das Löten von platinierten Gläsern.* Annalen der Physik und Chemie 150 (1873) 331.

6. *Über fortführende Entladungen der Elektrizität.* Annalen der Physik und Chemie 151 (1874) 226.

7. *Über eine Variation der Senarmontschen Methode zur Bestimmung der isothermen Flächen in Kristallen.* Annalen der Physik und Chemie 151 (1874) 603.

8. *Über eine Anwendung des Eiskalorimeters zur Bestimmung der Intensität der Sonnenstrahlen (mit Exner).* Wien. Ber. 69 (1874) 228.

9. *Über das Verhältnis der Querkontraktion zur Längsdilation bei Kautschuk.* Annalen der Physik und Chemie 159 (1876) 601.

10. *A telephonic alarm.* Nature (London) 17 (1877) 164.

11. *Mittheilung einiger Versuche aus dem Gebiet der Kapillarität.* Annalen der Physik und Chemie, N.F. 3 (1878) 321.

12. *Über ein Aneroidbarometer mit Spiegelablesung.* Annalen der Physik und Chemie, N.F. 4 (1878) 305.

13. *Über eine Methode zur Erzeugung von Isothermen auf Kristallen.* Z. Krist. 3 (1878) 17.

14. *Über Entladungen der Elektrizität in Isolatoren.* Göttinger Nachrichten 1878, S. 390.

15. *Nachweis der elektromagnetischen Drehung der Polarisationsebene des Lichtes im Schwefelkohlenstoffdampf (mit Kundt).* München, Ber. 8 (1878) 546.

16. *Nachtrag zu 15. (mit Kundt).* München, Ber. 9 (1879) 30.

17. *Über die elektromagnetische Drehung der Polarisationsebene in Gasen (mit Kundt).* Annalen der Physik und Chemie, N.F. 8 (1879) 278.

18. *Über die von Herrn Kerr gefundene neue Beziehung zwischen Licht und Elektrizität.* Annalen der Physik und Chemie, N.F. 10 (1880) 77.

19. *Über die elektromagnetische Drehung der Polarisationsebene des Lichtes in Gasen. 2. Abhandlung (mit Kundt).* Annalen der Physik und Chemie, N.F. 11 (1880) 77 1.

20. *Über die durch Elektrizität bewirkten Form- und Volumenänderungen von dielektrischen Körpern.* Annalen der Physik und Chemie, N.F. 11 (1880) 77 1.

21. *Über Töne, welche durch intermittierende Bestrahlung eines Gases entstehen.* Annalen der Physik und Chemie, N.F. 12 (1881) 155.

22. *Versuche über die Absorption von Strahlen durch Gase, nach einer neuen Methode ausgeführt.* Ber. d. Oberhess. Ges. f. Nat. u. Heilk. 20 (1881) 52.

23. *Über die durch elektrische Kräfte erzeugte Änderung der Doppelbrechung des Quarzes.* Annalen der Physik und Chemie, N.F. 18 (1883) 213.

24. *Bemerkungen zur Abhandlung des Herrn A. Kundt: Über das optische Verhalten des Quarzes im elektrischen Feld.* Annalen der Physik und Chemie, N.F. 19 (1883) 319.

25. *Über die thermo-, aktino- und piezo-elektrischen Eigenschaften*

*des Quarzes.* Annalen der Physik und Chemie, N.F. 19 (1883) 513.

26. *Über einen Vorlesungsapparat zur Demonstration des Poiseuille-schen Gesetzes.* Annalen der Physik und Chemie, N.F. 20 (1883) 268.

27. *Über den Einfluß des Druckes auf die Viskosität der Flüssigkeiten, speziell des Wassers.* Annalen der Physik und Chemie, N.F. 24 (1884) 519.

28. *Neue Versuche über die Absorption von Wärme durch Wasser-dampf.* Annalen der Physik und Chemie, N.F. 23 (1884) 259.

29. *Versuche über die elektromagnetische Wirkung der dielektrischen Polarisation.* Math. u. Naturw. Mitt. a. d. Sitzungsber. preuß. Akad. Wiss. Physik.-math. Kl. 89 (1885).

30. *Über die Kompressibilität und Oberflächenspannung von Flüssig-keiten (mit Schneider).* Annalen der Physik und Chemie, N.F. 29 (1886) 165.

31. *Über die Kompressibilität von verdünnten Salzlösungen und die des festen Chlornatriums (mit Schneider).* Annalen der Physik und Chemie, N.F. 31 (1887) 1000.

32. *Über die durch Bewegung eines im homogenen elektrischen Feld befindlichen Dielektrikums hervorgerufene elektrodynamische Kraft.* Math. u. Naturw. Mitt. a. d. Sitzungsber. preuß. Akad. Wiss. Physik.-math. Kl. 7 (1888).

33. *Über die Kompressibilität des Wassers (mit Schneider).* Annalen der Physik und Chemie, N.F. 33 (1888) 644.

34. *Über die Kompressibilität des Sylvins, des Steinsalzes und der wässerigen Chloralkaliumlösungen (mit Schneider).* Annalen der Physik und Chemie, N.F. 34 (1888) 531.

35. *Über den Einfluß des Druckes auf die Brechungsexponenten von Schwefelkohlenstoff und Wasser (mit Zehnder).* Ber. d. Oberhess. Ges. f. Nat. u. Heilk. 28 (1888) 58.

36. *Elektrische Eigenschaften des Quarzes.* Annalen der Physik und Chemie, N.F. 39 (1889) 16.

37. *Beschreibung des Apparates, mit welchem die Versuche über die elektrodynamische Wirkung bewegter Dielektrika ausgeführt wurden.* Annalen der Physik und Chemie, N.F. 40 (1890) 93.

38. *Einige Vorlesungsversuche.* Annalen der Physik und Chemie, N.F. 40 (1890) 109.

39. *Über die Dicke von kohärenten Ölschichten auf der Oberfläche des Wassers.* Annalen der Physik und Chemie, N.F. 41 (1890) 321.

40. *Über die Kompressibilität von Schwefelkohlenstoff, Benzol, Äthyläther und einigen Alkoholen.* Annalen der Physik und Chemie, N.F. 44 (1891) 1.

41. *Über den Einfluß des Druckes auf die Brechungsexponenten von Wasser, Schwefelkohlenstoff, Benzol, Äthyläther und einigen Alkoholen (mit Zehnder).* Annalen der Physik und Chemie, N.F. 44 (1891) 24.

42. *Über die Konstitution des flüssigen Wassers.* Annalen der Physik und Chemie, N.F. 45 (1892) 91.

43. *Kurze Mittheilung von Versuchen über den Einfluß des Druckes auf einige physikalische Erscheinungen.* Annalen der Physik und Chemie, N.F. 45 (1892) 98.

44. *Über den Einfluß der Kompressionswärme auf die Bestimmung der Kompressibilität von Flüssigkeiten.* Annalen der Physik und Chemie, N.F. 45 (1892) 560.

45. *Verfahren zur Herstellung reiner Wasser- und Quecksilberoberflächen.* Annalen der Physik und Chemie, N.F. 46 (1892) 152.

46. *Über den Einfluß des Druckes auf das galvanische Leitungsvermögen von Elektrolyten.* Nach. Ges. Wiss. Göttingen, Math.-phys. Kl. 1893, S. 505.

47. *Zur Geschichte der Physik an der Universität Würzburg.* Würzburg 1894.

48. *Notiz über die Methode zur Messung von Druckdifferenzen mittels Spiegelablesung.* Annalen der Physik und Chemie, N.F. 51 (1894) 414.

49. *Mittheilung einiger Versuche mit einem rechtwinkligen Glasprisma.* Annalen der Physik und Chemie, N.F. 52 (1894) 589.

50. *Über den Einfluß des Druckes auf die Dielektrizitätskonstante des Wassers und des Äthylalkohols.* Annalen der Physik und Chemie, N.F. 52 (1894) 593.

51. *Über eine neue Art von Strahlen.* Sitzungsber. physik.-med. Ges. Würzburg 1896.

52. *Eine neue Art von Strahlen, 2. Mitteilung.* Sitzungsber. physik.-med. Ges. Würzburg 1896.

53. *Weitere Beobachtungen über die Eigenschaften der X-Strahlen.* Math. u. naturw. Mitt. a. d. Sitzungsber. preuß. Akad. Wiss. Physik.-math. Kl. 1897.

54. *Erklärung.* Physik Z. 5 (1904) 168.

55. *Über die Leitung der Elektrizität in Kalkspat und über den Einfluß der X-Strahlen darauf.* Sitzungsber. bayer. Akad. Wiss. Math.-physik. Kl. 37 (1907) 113.

56. *Friedrich Kohlrausch.* Sitzungsber. bayer. Akad. Wiss. Math.-physik. Kl. 40 (1910) 26.

57. *Bestimmung des thermischen linearen Ausdehnungskoeffizienten von Duprit und Diamant.* Sitzungsber. bayer. Akad. Wiss. Math.-physik. Kl. 42 (1912) 381.

58. *Über die Elektrizitätsleitung in einigen Kristallen und über den Einfluß der Bestrahlung darauf (mit Ioffe).* Annalen der Physik und Chemie, Annalen der Physik IV. 41 (1913) 449.

59. *Pyro- und piezo-elektrische Untersuchungen.* Annalen der Physik IV. 45 (1914) 737.

60. *Über die Elektrizitätsleitung in einigen Kristallen und über den Einfluß der Bestrahlung darauf (mit Ioffe).* Annalen der Physik und Chemie, Annalen der Physik IV. 64 (1921) 1.

# Zeittafel

| | |
|---|---|
| 27.3.1845 | Wilhelm Conrad Röntgen wird in Lennep geboren |
| 1848 | Umzug der Familie Röntgen nach Apeldoorn (Holland) |
| 1851–61 | Besuch der Primar- und Sekundarschule in Apeldoorn |
| 1861–63 | Besuch der Technischen Schule in Utrecht |
| 1863–64 | Privatstudium |
| 1864 | Gasthörer an der Universität Utrecht in den Fächern Mathematik, Physik, Chemie, Zoologie, Botanik |
| 1865 | erste wissenschaftliche Veröffentlichung: Repetitorium in Chemie |
| 1865 | Beginn des Maschinenbaukundestudiums am Polytechnikum in Zürich |
| 1868 | Diplom als Maschinenbauingenieur |
| 22.6.1869 | Promotion zum Dr.phil. an der Universität Zürich |
| 1869–72 | Assistent bei Kundt |
| 1870 | mit Kundt nach Würzburg |
| 1872 | Heirat mit Anna Bertha Ludwig |
| 1873 | mit Kundt nach Straßburg |
| 1874 | Habilitation als Privatdozent an der Universität Straßburg |
| 1875 | Professor für Physik und Mathematik an der Landwirtschaftlichen Akademie Hohenheim |
| 1876 | Ruf nach Straßburg als Extraordinarius für theoretische Physik |
| 1879 | Berufung nach Gießen |

| | |
|---|---|
| 1888 | Abschluß der Arbeiten zum Nachweis des »Röntgenstromes« |
| 1.10.1888 | Ordinarius an der Universität Würzburg |
| 1893 | Wahl zum Rektor der Universität Würzburg, bis jetzt 48 Veröffentlichungen |
| 8.11.1895 | Entdeckung der X-Strahlen |
| 1.1.1896 | Versand der ersten »Mittheilung« |
| 12.1.1896 | Vortrag bei Kaiser Wilhelm II. |
| 1.4.1900 | Professor an der Universität München |
| 10.12.1901 | Verleihung des ersten Nobelpreises für Physik an Röntgen |
| 1919 | Tod von Röntgens Frau Bertha |
| 1.4.1920 | Röntgen wird von seinen amtlichen Verpflichtungen entbunden |
| 1921 | Erscheinen seiner letzten wissenschaftlichen Arbeit (über Kristalle) |
| 10.2.1923 | Röntgens Tod, Beisetzung im Elterngrab in Gießen |

# Röntgen-Begriffe aus Physik und Medizin

Eine Vielzahl von physikalischen und medizinischen Verfahren, Meß-geräten und Apparaturen wurden nach Röntgen benannt. Die gebräuchlichsten sollen hier stichwortartig mit ihren wichtigsten Funktionen erklärt werden. Der Pfeil → verweist auf einen eigenen Eintrag.

## Aus der Physik:
### Röntgen

**-astronomie:** Teilgebiet der Astronomie in der Neuzeit zur Erforschung der von Gestirnen, besonders der Sonne, ausgehenden → Röntgen- und Gammastrahlen. Als Quelle der Strahlung wurden sogenannte »Röntgensterne« entdeckt. Die Geräte zur Messung dieser Strahlen werden Röntgenteleskope genannt.

**-beugung:** Beugung von einfallenden → Röntgen- und Gammastrahlen in Kristallen. Mit Hilfe einer Photoplatte, die hinter dem Kristall aufgestellt ist, erhält man ein Interferenzbild (Laue-Diagramm).

**-bremsspektrum:** Bremsstrahlung bei der Streuung (Abbremsung) schneller geladener Teilchen, z.B. Elektronen.

**-dosimeter:** Strahlenschutzplakette mit Dosismeßgerät, die eine Strahlenbelastung anzeigt. Sie wird von Personen getragen, die beruflich mit → Röntgen- oder Gammastrahlen arbeiten.

**-feinstrukturuntersuchung:** Gesamtheit der mit → Röntgenstrahlen arbeitenden Verfahren zur Bestimmung der Kristallgitter, zur Ermittlung von Texturen metallischer Werkstoffe, Zustandsdiagrammen, zur Messung von Spannungen.

**-film:** Doppelseitiger, dickschichtiger Spezialfilm für → Röntgenaufnahmen.

**-goniometer:** Gerät zur → Röntgenstrukturanalyse.

**-grobstrukturuntersuchung:** Verfahren zur zerstörungsfreien Werkstoffprüfung.

**-linsen:** Abbildungssystem für → Röntgenstrahlen mit Sammel- und Vergrößerungswirkung.

**-mikroanalyse:** Verfahren zur Untersuchung von Legierungen, Mineralien, Sinterstoffen und Diffusionsvorgängen in Metallen.

**-mikroskop:** Mikroskop zur vergrößerten Abbildung von Objekten; bis zu tausendfache Vergrößerung möglich!

**-optik:** Teilgebiet der Röntgenstrahlphysik; besonders Arbeit mit → Röntgenlinsen.

**-röhre:** Hochvakuumelektronenröhre mit Wolframglühkathode und schräger Anode als Antikathode zur Erzeugung von → Röntgenstrahlen.

**-schattenmikroskopie:** Erzeugung vergrößerter Abbildungen von durchstrahlbaren Objekten mit → Röntgenstrahlen.

**-spektralanalyse:** Bestimmung der chemischen Zusammensetzung von Stoffen durch spektrale Zerlegung der von ihnen emittierten oder durchgelassenen → Röntgenstrahlen.

**-spektroskopie:** Verfahren zur spektralen Zerlegung, Beobachtung und Registrierung von → Röntgenstrahlen; die Geräte heißen Röntgenspektograph und Röntgenspektrometer.

**-strahlen:** Auch X-Strahlen; äußerst kurzwellige, energiereiche elektromagnetische Strahlen.

**-strahleninterferenzen:** Die durch von Laue gefundenen Interferenzen bilden heute die Grundlagen der → Röntgenspektroskopie. Sie erlauben absolute Messungen der Gitterkonstanten von Kristallgittern und Dichtebestimmung des Kristalls.

**-strahlmikroskopie:** Gesamtheit der Verfahren zur vergrößerten Abbildung kleiner Objekte.

**-strukturanalyse:** Errichtung der gesetzmäßigen Atomanordnung von Kristallen; das Verfahren beruht auf der Streuung der → Röntgenstrahlen in den Elektronenhüllen der Kristallatome.


**Aus der Medizin:**
**Röntgen**

**-aufnahme:** Auch Röntgenbild, Röntgenschirmbild; durch → Röntgenstrahlen aufgrund der unterschiedlichen Absorption der verschieden durchstrahlten Gewebe entstehende Abbildung eines Teils des menschlichen Körpers; kann durch → Röntgenkontrastmittel verstärkt und in den Strukturen deutlich sichtbar gemacht werden. Jede medizinische Röntgenaufnahme bleibt mindestens zehn Jahre Eigentum der Röntgenstelle.

**-dermatitis:** Von der Strahlendosis abhängige Erkrankungen der Haut durch Röntgenstrahlen (Haarausfall, Hautnässen, Geschwüre, Pigmentveränderungen, → Röntgenkarzinom).

**-diagnose:** Medizinischer Befund aufgrund einer → Röntgenuntersuchung, → Röntgenaufnahme.

**-filter:** Scheiben aus Leicht- oder Schwermetall, die → Röntgenstrahlen absorbieren. In der Röntgendiagnostik verringern sie die Strahlenbelastung des Patienten; in der Strahlentherapie kann dadurch die Strahlenqualität verändert werden.

**-karzinom:** Strahlenkrebs, der als Spätschaden nach einer Strahlenüberdosis entsteht.

**-kater:** Nebenwirkungen wie Appetitlosigkeit, Müdigkeit, Erbrechen und Kopfschmerzen, die durch → Röntgenstrahlen, z.B. bei einer

Strahlentherapie oder nach einer Ganzkörperbestrahlung, auftreten können.

**-kontrastmittel:** Substanzen zur besseren röntgenologischen Darstellung (Kontrastierung) von Organen; werden injiziert oder oral oder anal zugeführt.

**-kymographie:** Verfahren zur röntgenologischen Aufzeichnung von rhythmischen Bewegungen der Organe, z.B. Herz, Magen, Lunge, Darmtrakt.

**-leuchtschirm:** Durch auftreffende → Röntgenstrahlen zum Leuchten gebrachter Schirm im Röntgengerät, auf dem das Röntgenbild erscheint.

**-ologe:** Frühere Bezeichung für Radiologe.

**-ologie:** Lehre von den → Röntgenstrahlen, im engeren Sinn medizinische Diagnostik und Therapie.

**-oskopie:** → Röntgenuntersuchung innerer Organe.

**-schichtaufnahme:** Röntgenologische Darstellung von mehreren sich überlagernden Körperschichten verschiedener Tiefe.

**-stereoaufnahme:** Auch Röntgenstereographie; ermöglicht gleichzeitig zwei Röntgenbilder beim ruhenden Patienten, vermittelt einen räumlichen Eindruck; bei Simultanschichtaufnahmen können bis zu sieben Körperschichten dargestellt werden.

**-stratigraphie:** Verfahren der Röntgendiagnose, bei dem der Patient gleichzeit wie die → Röntgenröhre bewegt wird.

**-therapie:** Behandlung erkrankter Organe (z.B. Tumoren) durch → Röntgenstrahlen.

**-untersuchung:** Allgemeiner Begriff für Untersuchungen von Stoffen und Körperteilen mit Hilfe der → Röntgenstrahlen.

## Kurze Erläuterung einiger Fachbegriffe

**Absorption** – »Verschlucken« eines Teils einer Wellen- oder Teilchenstrahlung und damit Schwächung ihrer Intensität.

**Dielektrikum** – Luftleerer Raum (Vakuum) oder isolierende Substanz, in der ein elektromagnetisches Feld ohne Ladungszufuhr erhalten bleibt.

**Elektron** – Baustein der Atomhülle; elektrisch negativ geladenes Elementarteilchen.

**Elektroskop** – Nachweisgerät für geringe elektrische Ladungen.

**Evakuierung** – Ein Vakuum herstellen; ein Gas oder Luft aus physikalisch-technischen Apparaturen entfernen.

**Fluoreszenz** – Eigenschaft bestimmter Stoffe, bei Bestrahlung durch Licht, Röntgen- oder Kathodenstrahlen selbst zu leuchten.

**Gammastrahlen** – Beim radioaktiven Zerfall ausgesandte energiereiche, elektromagnetische Strahlung, die der Röntgenstrahlung gleicht.

**Interferenz** – Physikalische Erscheinung, die bei der Überlagerung von unterschiedlichen Wellen auftritt. Dabei kann es zur Verstärkung, Schwächung oder Aufhebung der Wellen kommen.

**Ionen** – Elektrisch geladene Atome oder Moleküle.

**Kompressibilität** – Maß für die Zusammendrückbarkeit eines Körpers unter dem Einfluß von Druck.

**Konvektionsstrom** – Transport von Energie oder elektrischer Ladung durch die kleinsten Teilchen einer Strömung.

**longitudinal** – In der Längsrichtung verlaufend.

**Polarisation** – Herausbildung einer Gegensätzlichkeit; Herstellung einer festen Schwingungsrichtung von Wellen.

**Positron** – Positiv geladenes Elektron.

**Quanten** – Nicht weiter teilbare Energieteilchen.

**Vektor** – Physikalische Größe, die durch Angabe von Maßzahl, Maßeinheit und Richtung festgelegt ist.

**Viskosität** – Zähigkeit, innere Reibung von Flüssigkeiten und Gasen.

# Verwendete Literatur

Die nachfolgend aufgeführte Sekundärliteratur, die für die Arbeit an dieser Biographie in Anspruch genommen wurde, soll den Leser auch zu weiterer Lektüre anregen. Neben den *Annalen der Physik und Chemie* waren archivalische Unterlagen der Stadt und des Physikalischen Instituts Würzburg sowie des Deutschen Röntgen-Museums in Remscheid-Lennep weitere wichtige Quellen. Unentbehrliche Informationen lieferten auch die Staatsbibliothek Bamberg, Archive des Schweizer Kantons Zürich, die dortige Universitätsbibliothek sowie Einsichten in alte Ausgaben der in Würzburg und Bamberg erschienenen Tageszeitungen.

BALTZER, F.: *Theodor Boveri. Leben und Werk eines großen Biologen*. Stuttgart 1962.

BEIER, W.: *Wilhelm Conrad Röntgen*. Leipzig 1987.

BOVERI, M.: *Wilhelm Conrad Röntgen (1845–1923)*. Aus der Reihe *Die großen Deutschen*, Bd. IV, Berlin 1956.

BRAGG, SIR L.: *The history of X-ray analysis*. London 1943.

BRUWER, A.J. (Hrg.): *Classic Descriptions in Diagnostic Roentgenology*, 2. Vol., Springfield, Ill. 1964.

COCHI, U., THURN, P., BÜCHELER, E.: *Einführung in die Röntgendiagnostik*, 3. Aufl. Stuttgart 1971.

DESSAUER, F.: *Die Offenbarung einer Nacht. Leben und Werk von Wilhelm Conrad Röntgen*. Olten 1946, Frankfurt 1958.

FRAUNBERGER, F.: *Röntgen und Würzburg* (Veröffentl. des Röntgen-Kuratoriums). Würzburg o.J.

GLASSER, O.: *Wilhelm Conrad Röntgen und die Geschichte der Röntgenstrahlen*. Berlin, Göttingen, Heidelberg, 2. Aufl. 1959.

GLASSER, O.: *Röntgen und von Laue. Die Röntgenstrahlen*. In: Leprince-Rinquet, L. (Hrg.), *Berühmte Erfinder. Physiker und Ingenieure*. Köln o.J.

HAECKEL, E.: *Aus den Briefen eines Studenten*. In: Dettelbacher-Schneiders, *Würzburg und seine Schätze*. Würzburg 1979.

HEISENBERG, W.: *Schritte über Grenzen*. München 1971.

HERRMANN, A.: *Wilhelm Röntgen*. München 1970.

HOLTHUSEN, H., MEYER, H., MOLINEUS, W.: *Ehrenbuch der Röntgenologen aller Nationen*. München u. Berlin, 2. Aufl. 1959.

KIPPENHAHN, R.: *100 Milliarden Sonnen*. München 1980.

KENDREW, J.C.: *The Thread of Life. An Introduction to Molecular Biology*. London 1966. - Deutsche Ausgabe: *Der Faden des Lebens. Ein-*

*führung in die Molekularbiologie.* München 1967.

LAUE, M.V.: *Zum Gedächtnis Wilhelm Conrad Röntgens. Die Naturwissenschaft* 1 (1946) 3.

LEPRINCE-RINQUET, L. (Hrg.): *Berühmte Erfinder. Physiker und Ingenieure.* Köln o.J.

LÜSCHER, E., JODL H. (Hrg.): *Physik. Gestern, heute, morgen.* München 1971.

MÜLLER, A., LEITNER, E., MRAZ, F.: *Physik. Grundkurs 1. und 2. Semester.* München 1988. - Müller, A., Leitner, E.: *3. und 4. Semester.* München 1989.

NICOLLE, J.: *Wilhelm Conrad Röntgen et l'ère des rayons X.* Paris 1965.

NITZKE, W.R.: *The Life of Wilhelm Conrad Röntgen - Discoverer of the X-rays.* Tucson, Ariz. 1971.

OPPENHEIMER, J.R.: *Atomkraft und menschliche Freiheit.* Hamburg 1955.

OTREMBA, H., GERLACH, W.: *Wilhelm Conrad Röntgen. Ein Leben im Dienste der Wissenschaft.* Würzburg 1965.

SCHINZ, H.R.: *Röntgen und Zürich. Aus alten Akten.* Acta radiologica XI (1934) 162.

SCHINZ, H.R.: *60 Jahre medizinische Radiologie, Probleme und Empirie.* Stuttgart 1959.

SOMMERFELD, A.: *Zu Röntgens 70. Geburtstag.* Physikalische Zeitschrift 16 (1915) 162.

SOMMERFELD, A.: *Vorlesungen über theoretische Physik.* Bd. I, S.VII, 3. Aufl. Leipzig 1947.

STRELLER, E.: WIENAU, R., HERMANN A.: *Wilhelm Conrad Röntgen 1845-1923.* München 1973.

STRELLER, E.: *Physikerbriefe in W. C. Röntgens Nachlaß.* Röntgen-Blätter 18 (1965) 220.

WATSON, J.D.: *Die Doppel-Helix. Ein persönlicher Bericht.* Hamburg 1969.

WÖLFFLIN, E.: *Persönliche Erinnerungen an Wilhelm Conrad Röntgen.* Ciba Symposium 5 (1957) 111.

WYLICK, W.A.H. VAN: *Röntgen en Nederland.* AO-reeks Boekje 1158, 1968.

ZEHNDER, L.: *Wilhelm Conrad Röntgen.* Würzburg 1930 (»Lebensläufe aus Franken« IV).

ZEHNDER, L.: W.C. *Röntgen – Briefe an L. Zehnder.* Zürich–Leipzig–Stuttgart 1935.

# Register

192

# Physik – ein permanentes, anregendes und bildungsträchtiges Abenteuer

## Karl Luchner
# Physik ist überall

Streifzüge durch Natur, Technik, Alltag und Forschung.
248 Seiten mit zahlreichen Abbildungen. Geb.
ISBN 3-431-03347-4.

Im Gegensatz zu Lehrbüchern ist dieses Buch nicht fachsystematisch aufgebaut und nicht an einem vorgegebenen Lehrplan orientiert, sondern es bietet aus der Sicht des Physikers spontane Querschnitte durch Natur, Alltag, Forschung und Technik. Es wäre ein Erfolg, würde dem Leser dabei erkennbar werden, daß Physik nicht nur der Kanon eines ins Schulbuch eingezwängten Lernfaches ist, sondern eine intellektuelle Errungenschaft und die Beschäftigung damit ein permanentes, anregendes und bildungsträchtiges Abenteuer.

Aus dem Inhalt: Archimedes und das Hebelgesetz / Ein Blick auf die rotierende Erde / Die Kreisbahn des Satelliten / Sonne, Mond und Sterne / Eine Flugreise, physikalisch beleuchtet / Ein physikalischer Streifzug über die Erde / Wolken, Wind und Wetter / Nachdenken über Perspektive / Die optimale Route / Wie groß sind Atome? / Elektronen im Metall – klassisch gesehen / Verschlüsselte Botschaften / Wärme, eine Energie besonderer Art / Die Kunst des Balancierens.

## Ehrenwirth Verlag München